KB262933

LE REVE DE SABRINA

'르 꼬르동 블루' 의 에센스 레시피

프랑스 빵의 기초

사브리나 시리즈 3

르 꼬르동 블루 도쿄학교

SOMMAIRE

CONTENTS

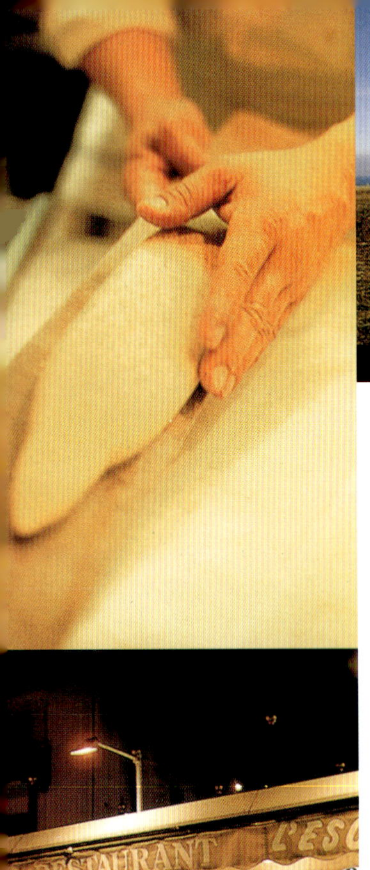

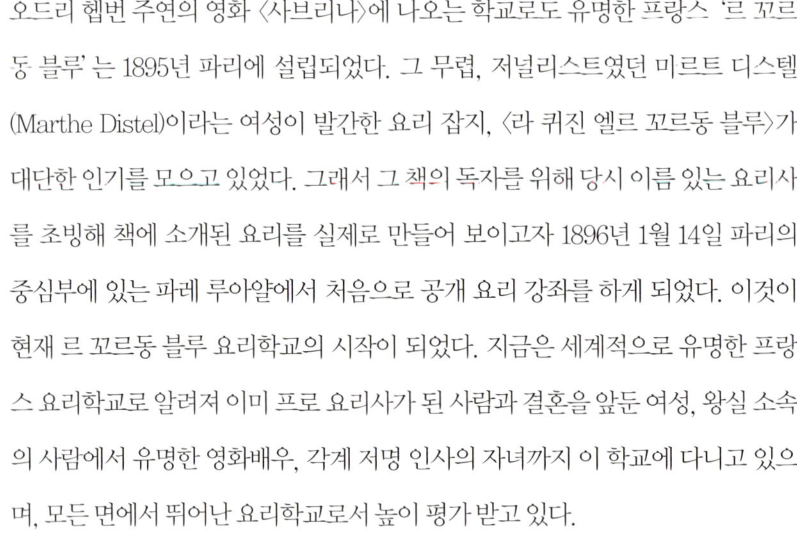

오드리 헵번 주연의 영화 〈사브리나〉에 나오는 학교로도 유명한 프랑스 '르 꼬르동 블루'는 1895년 파리에 설립되었다. 그 무렵, 저널리스트였던 미르트 디스텔(Marthe Distel)이라는 여성이 발간한 요리 잡지, 〈라 퀴진 엘르 꼬르동 블루〉가 대단한 인기를 모으고 있었다. 그래서 그 책의 독자를 위해 당시 이름 있는 요리사를 초빙해 책에 소개된 요리를 실제로 만들어 보이고자 1896년 1월 14일 파리의 중심부에 있는 파레 루아알에서 처음으로 공개 요리 강좌를 하게 되었다. 이것이 현재 르 꼬르동 블루 요리학교의 시작이 되었다. 지금은 세계적으로 유명한 프랑스 요리학교로 알려져 이미 프로 요리사가 된 사람과 결혼을 앞둔 여성, 왕실 소속의 사람에서 유명한 영화배우, 각계 저명 인사의 자녀까지 이 학교에 다니고 있으며, 모든 면에서 뛰어난 요리학교로서 높이 평가 받고 있다.

'르 꼬르동 블루'라는 명칭의 유래는 16세기로 거슬러 올라간다. 1578년 당시 프랑스의 국왕 헨리 3세가 '성령기사단'을 편성하고, 그 기사들에게 '성령 훈장'을 수여했다. 르 꼬르동 블루의 마크가 바로 그 훈장으로, 성령 기사들은 미식가로 알려져 있으며 특히 의식이 끝난 뒤 가신 만찬회의 호화로운 광경은 오늘날 거의 전설로 전해지고 있을 정도이다. 그 성령 훈장에 파란 리본이 붙어 있던 것에서 그 기사들을 '꼬르동 블루'라 부르게 되었고, 나아가 그들이 좋아하던 요리를 만드는 요리사까지 '꼬르동 블루'라 칭하게 되었다고 한다.

20세기 초에는 유명한 프로 요리사 앙리 포르 페라페라의 활약이 돋보인다. 그가 르 꼬르동 블루의 주임 교수 시절에 쓴 〈현대 조리 기법(L' Art Culinaire Moderne)〉이라고 하는 책은 무려 3백50만 부나 팔렸다는 기록이 있으며, 요리의 고전으로 현재도 독자가 있을 정도이다. 이 외에도 페라페라가 집필한 여러 권의 요리서는 모두 많은 독자를 갖게 되었다.

파리 학교 설립 반세기 이후인 1933년에는 런던 분교가 설립되었는데, 설립자는 파리 학교에서 앙리 페라페라에게 실제로 요리를 배운 로즈메리 흄이라고 하는 여성이었다. 흄 여사가 쓴 책도 현재는 고전으로 영국의 총서에 들어 있고, 이것 역시 많은 독자와 학생을 요리학교로 보내는 원동력이 되었다.

런던 분교 설립 이후 다시 반세기가 지난 1991년, 도쿄에 르 꼬르동 블루가 설립되었다. 도쿄 분교의 설립을 전후하여 캐나다 분교가 오타와에 세워졌고, 오스트레일리아의 시드니에도 분교가 세워졌으며, 아들레이드 분교도 개교되었다. 이후 꼬르동 블루는 미국과 페루, 브라질, 멕시코, 한국 등에도 분교를 설립했다. 이곳에서는 세계 50개국이 넘는 나라에서 온 학생을 맞이해 전통과 예술성을 중시하는 프랑스 요리 · 과자 · 빵 만드는 법을 가르치고 있다.

사브리나 시리즈 3권은 '빵' 이다. 르 꼬르동 블루의 기본 정신은 음식을 만들 때 생략하는 부분 없이 기초부터 정확하게 배우는 것이다. 요리나 과자를 만들

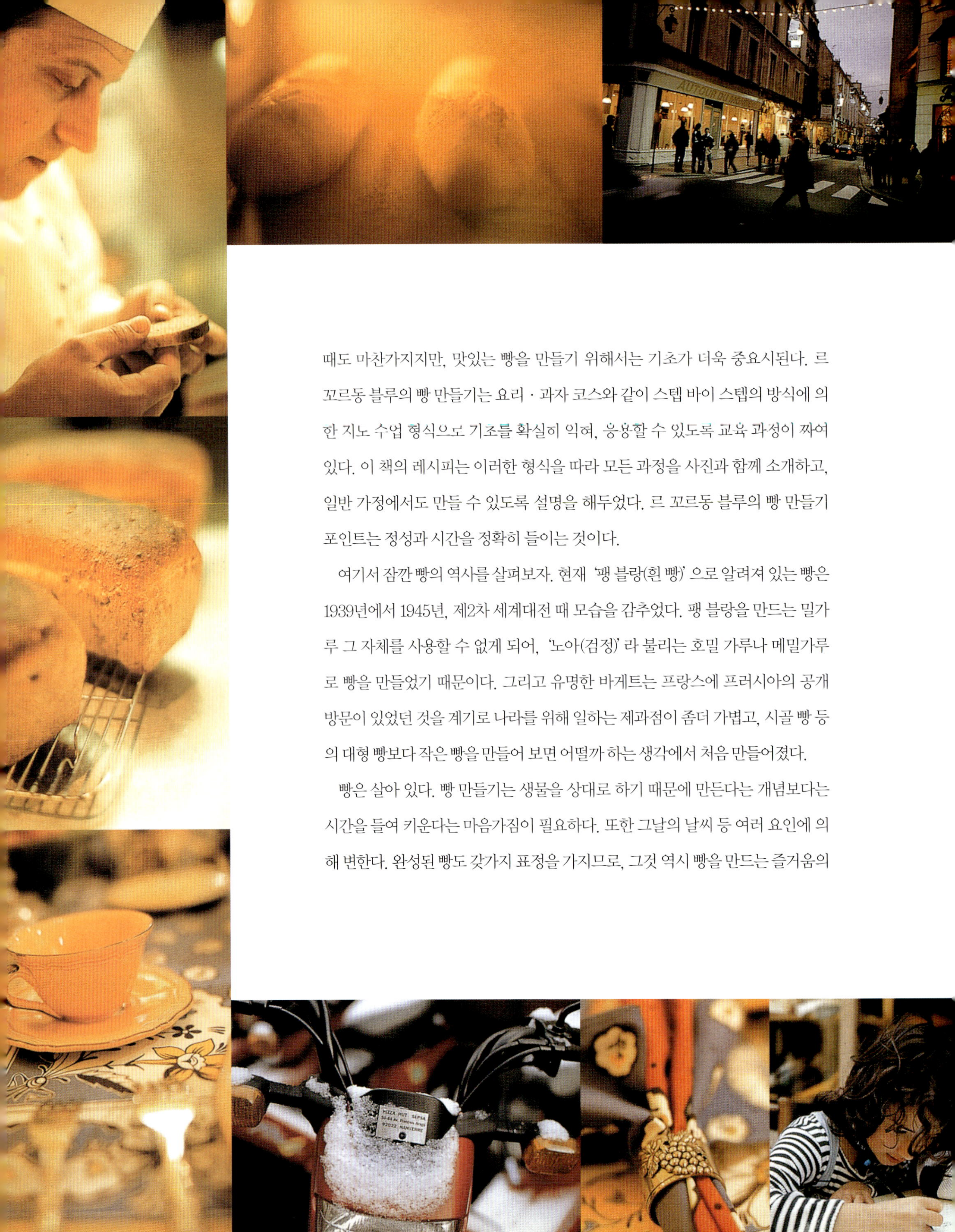

때도 마찬가지지만, 맛있는 빵을 만들기 위해서는 기초가 너욱 중요시된다. 르 꼬르동 블루의 빵 만들기는 요리·과자 코스와 같이 스텝 바이 스텝의 방식에 의한 지노 수업 형식으로 기초를 확실히 익혀, 응용할 수 있도록 교육 과정이 짜여 있다. 이 책의 레시피는 이러한 형식을 따라 모든 과정을 사진과 함께 소개하고, 일반 가정에서도 만들 수 있도록 설명을 해두었다. 르 꼬르동 블루의 빵 만들기 포인트는 정성과 시간을 정확히 들이는 것이다.

여기서 잠깐 빵의 역사를 살펴보자. 현재 '팽 블랑(흰 빵)'으로 알려져 있는 빵은 1939년에서 1945년, 제2차 세계대전 때 모습을 감추었다. 팽 블랑을 만드는 밀가루 그 자체를 사용할 수 없게 되어, '노아(검정)'라 불리는 호밀 가루나 메밀가루로 빵을 만들었기 때문이다. 그리고 유명한 바게트는 프랑스에 프러시아의 공개 방문이 있었던 것을 계기로 나라를 위해 일하는 제과점이 좀더 가볍고, 시골 빵 등의 대형 빵보다 작은 빵을 만들어 보면 어떨까 하는 생각에서 처음 만들어졌다.

빵은 살아 있다. 빵 만들기는 생물을 상대로 하기 때문에 만든다는 개념보다는 시간을 들여 키운다는 마음가짐이 필요하다. 또한 그날의 날씨 등 여러 요인에 의해 변한다. 완성된 빵도 갖가지 표정을 가지므로, 그것 역시 빵을 만드는 즐거움의

하나가 된다. 이 책에서는 클래식 빵, 스페셜 빵, 과자 빵, 토스트, 야채 빵, 속을 끼워 넣은 빵 등을 소개하고 있다. 프랑스에서 대중적인 것을 중심으로 빵 만드는 기본을 쉽게 이해할 수 있도록 설명했지만, 고급 클래스를 목표로 하는 분들에게도 충분히 참고가 될 것이다. 이 책에 등장하는 식기나 보드, 테이블클로스 등은 프렌치 컨트리 스타일의 유명 브랜드 '피에르 듀 프렌치 컨트리'의 제품을 사용했다. 피에르 듀 프렌치 컨트리는 뉴욕의 매디슨 애버뉴를 시작으로 시카고, 댈러스, 애틀랜타 그리고 로스앤젤레스의 고급 부티크가의 로데오 드라이브 등 미국 전역에 진출해 있고, 동경에도 지점이 있다.

이 브랜드는 인테리어 디자이너며 앤티크 숍의 오너이기도 했던 프랑스인 피에르 머랭과, 그의 친구로 역시 프랑스계 미국인 피에르 르베크라는 두 피에르의 만남으로 이루어졌다. 피에르가 두 명이라는 뜻에서 '피에르 듀'라 이름 붙인 것. 이후 프랑스 컨트리 스타일을 테마로 예술성 있는 지방 공예품을 기본으로 한 창작품을 수없이 발표했고, 직물 · 테이블웨어 · 가구 · 장식품 등의 분야에서 프랑스의 세련된 터치를 일반 가정에도 폭넓게 전하고 있다. 손으로 직접 만든 빵과 피에르 듀 프렌치 컨트리 스타일의 테이블 세팅으로 프랑스의 생활 예술을 즐겨 보자.

기본 테크닉을 살린 메뉴의 예

빵을 분류하면 크게 클래식 빵, 스페셜 빵, 과자 빵, 토스트 등으로 나눌 수 있다. 그 중 프랑스의 제과점에서 보통 만들어지고 있는 대중적인 것을 중심으로 선택했다. 기본 반죽 만들기는 '팽 드 캉파뉴' '프티 팽 오 레' '크루아상' 등의 레시피에서 설명했다. 실제로 맛있는 빵을 만들기 위한 포인트를 몇 가지 소개하면, 우선 사용할 기구를 준비한다. 틀 등 녹슬기 쉬운 것은 손질을 해둘 것. 틀은 표시되어 있는 것과 똑같지 않더라도 틀 크기에 맞춰 반죽의 양, 굽는 시간 등을 조절하면 된다. 재료는 품질이 좋은 것을 골라 정확히 계량한다. 만드는 과정에 있어서도 신속함이 필요하다. 한 번에 많은 빵을 만들 경우는 두 작업이 겹치지 않도록 순서를 생각해 작업을 시작한다. 빵은 특히나 타이밍이 중요하다. 발효 시간이나 굽는 시간은 주위 환경, 사용하는 오븐에 좌우되므로 시간은 정확히 지킨다. 또한 레시피가 있는 본 페이지의 les ingredients pour 2 pains dé 400g은 400g의 빵 2개분 재료, 마테리엘 (materiel)은 틀(∅는 지름), 프레파라시용 (préparation)은 준비 과정으로 사진이 있는 순서에 들어가기 전에 반죽 만들기에 대한 설명, 코망테르(commentaires) 는 빵에 대한 설명이나 맛있게 즐기는 방법, 만들 때의 주의사항 등을 의미한다. 레시피 중의 작업대에 뿌리는 가루나 마무리 때 사용하는 가루, 틀이나 오븐 팬에 바르는 버터는 모두 분량 외이다. 특히, 작업대에 뿌리는 가루는 표기하지 않은 경우, 강력분이나 프랑스 빵 전용 밀가루를 사용한다. 박력분은 쉽게 뭉치기 때문에 뿌리는 가루로는 바람직하지 않다. 재료의 버터는 무염 버터를 사용하고 이스트는 모두 생이스트를 사용했다. 없으면 드라이 이스트를 생이스트의 절반만 사용한다. 작업대는 목재가 좋으며, 반죽이 달라붙으면 바로 제거해 깨끗이 해둔다.

프랑스 빵 전용 밀가루

우리나라에서 밀가루를 강력분, 중력분, 박력분을 구분하듯이 프랑스에서는 type 45, type 55 등으로 구분한다. 프랑스 빵 전용 밀가루는 우리의 강력분보다는 글루텐 함량이 좀 적고 중력분보다는 조금 많다. 우리나라에는 일부 대형 제과점에서 바게트용이라 해서 프랑스 밀가루를 수입하여 사용하는 경우도 있으나 일반 소비자는 구하기 어렵다. 일반적으로 프랑스 빵 전용 밀가루 대신 강력분을 사용해도 별 무리가 없지만 전체 양의 약 20% 정도 중력분을 섞어 사용하면 좋다. – 편집자 주

빵을 만들기 전에

빵 만드는 과정을 보면 기다리는 시간이 많은 것을 알 수 있다. 발효와 휴지 시간은 실제로 빵을 만드는 시간보다 길다. 따라서 서두르는 것은 금물. 느긋한 마음으로 빵이 숙성되어 가는 것을 지켜보자. 시간이 없다고 발효되지도 않았는데 다음 과정에 들어간다거나, 온도를 높여 무리하게 발효시키면 좋은 결과를 얻을 수 없다. 가정에서는 온도, 습도, 반죽 상태, 시간 등의 조건을 늘 일정하게 유지하기 어렵기 때문에, 각각의 공정 시간은 반죽의 상태에 따라 융통성 있게 조절한다. 처음에는 너무 어렵게 생각하지 말고 만드는 즐거움을 느껴 보자. 즐거움을 알면 좀더 심도 있게 공부할 수 있을 것이다.

기본 테크닉

LE PÉTRISSAGE (MÉLANGER)
믹싱

가루 · 설탕 · 이스트 · 물 · 그 외의 재료를 섞어 글루텐 형성을 위해 치대어 반죽을 만드는 것. 이 공정은 빵을 만드는 데 있어 매우 중요하며, 모양과 맛 등 빵의 완성에 영향을 준다. 여러 번 만들어 보아 반죽의 정도와 치대는 법, 반죽 후의 상태를 익혀 두자. 능숙해지면 부드러운 빵이나 씹는 맛이 있는 빵 등 여러 종류의 빵에 맞는 상태를 알 수 있게 된다. 또한 유지방이 첨가된 경우, 소량이라면 처음에 넣어도 상관없지만 양이 많으면 반죽이 어느 정도 완성된 후에 넣고, 호두나 건포도 등도 반죽이 완성된 후에 넣는다.

완성된 반죽의 온도는 23∼26℃가 되도록 한다. 이를 위해 물 등 액체의 온도로 조절하지만, 가정에서 손으로 반죽하는 경우 28∼30℃를 기본으로 한다. 만드는 빵에 따라서도 달라지므로 종류에 맞게 조절한다.

LE POINTAGE (LEVER)
1차 발효

완성된 반죽을 깨끗하게 둥글려 볼에 넣고 발효시킨다. 24℃ 이상이면 실온에서도 좋지만, 그 이하라면 발효기에 넣거나 오븐이나 스티로폼 용기 등에 넣고 직접 볼에 닿지 않도록 뜨거운 물을 옆에 놓아 24∼28℃가 되도록 한다. 발효 시간은 완성된 반죽의 온도, 발효 중의 온도에 따라 달라지므로, 반죽이 2배 정도로 부풀어오를 때까지 놓아 둔다. 또한 반죽 표면이 마르지 않도록 습도가 높은 곳에 두거나, 랩을 씌워 둔다. 이때 이스트는 가루의 천연 성분과 같은 빵 맛, 보존성, 유연성을 가져다주는 탄산가스 · 알코올 · 유기산을 발생시킨다.

LE DÉTAILLAGE, LE BOULAGE
분할, 둥글리기

발효시킨 반죽을 작업대에 꺼내 반죽이 망가지지 않도록 카드로 균등히 잘라 나눈다. 반죽 표면이 매끄럽고, 팽팽한 상태가 되도록 둥글게 만들어 준다.

LE REPOS
벤치 타임

분할에 의해 모양이 일그러진 반죽을 회복시키고, 둥글려서 탄력이 생긴 반죽을 성형하기 쉽게 휴지시킨다. 표면이 마르지 않도록 천(캔버스 천, 면보 등)이나 비닐을 덮어 15분 정도 휴지시킨다.

LE FAÇONNAGE (MIS EN FORME)
성형

휴지시킨 반죽을 여러 모양으로 만들어, 빵에 표정을 담는 공정이다. 이때 반죽 표면이 망가지지 않도록 주의한다. 반죽의 힘이 강할 경우는 가볍게, 힘이 없을 경우 강하게 반죽을 조여 준다. 반죽을 조이는 것(반죽에 끈기를 내고, 만져 봤을 때 탄력이 있는 상태)에 따라 볼륨 있는 빵이 된다. 반죽이 느슨한 상태면 볼륨이 없는 납작한 빵이 되기 쉽다.

L'APPRÊT (FERMENTATION)
최종 발효

20∼27℃의 온도에서 발효시킨다. 발효기가 있으면 그 안에 넣는다. 반죽이 마르지 않게 하는 것이 중요하다. 발효기가 없는 경우는 천(캔버스 천 등 반죽이 붙지 않는 것)을 씌워 비닐로 덮어 두도록 한다. 주위가 건조한 경우는 천과 비닐 사이에, 면보에 물을 적신 다음 꽉 짜서 넣는다. 달걀물을 바른 반죽은 큰 비닐 봉지에 넣고 직접 반죽이 닿지 않도록 봉지에 공기를 불어넣는다. 스티로폼 용기에 넣어 옆에 뜨거운 물을 담은 용기를 놓고, 적당한 온도와 습도를 유지하며 발효시키는 방법도 있다. 발효 시간은 어림잡아 반죽이 2배 정도로 부풀어오르고, 반죽 표면을 손으로 가볍게 눌러 보아 손가락 자국이 약간 남을 정도면 적당.

LA CUISSON
구워내기

미리 지정 온도에 오븐의 온도를 맞춰 놓는다. 반죽을 넣어 굽는데, 오븐의 종류에 따라 온도나 시간이 다르기 때문에 각 가정의 오븐의 특징을 알아 두고 구워 낸 색이나 반죽을 두드렸을 때의 소리로 융통성 있게 조절한다.

빵에 따라서는 구울 때 오븐에 수증기를 내두어야 하는 것도 있다. 가정에서는 미리 뜨거운 물을 용기에 담아 예열해 두거나 반죽을 오븐에 넣고, 분무기로 오븐 천장이나 벽에 물을 충분히 뿌려 둔다. 오븐 팬에 자갈을 깔아 하단에 넣고, 250∼300℃에서 15분 정도 예열한 후 반죽을 넣고, 물을 1컵 정도 자갈 위에 붓는다. 뚜껑을 닫고 몇 분 두었다가 굽는 방법도 있지만, 오븐에 따라서는 고장의 원인이 되기도 하고, 화상을 입을 우려도 있으므로 주의한다.

다 구워진 빵은 오븐에서 꺼내 틀에서 빼낸 뒤 바로 식힘망에 얹어 식힌다. 틀에 넣어 둔 채 그냥 두면 틀에 닿은 면의 껍질이 눅눅해져 버린다.

발효 반죽(이스트를 넣은 발효종)
LEVAIN LEVURE

les ingrédients
pour
levain levure de
830g

주재료
프랑스 빵 전용 밀가루 500g
물 320cc
생이스트 5g
소금 9g

commentaires:
이 반죽은 빵을 만들 때 발효종으로 넣어 준다. 미리 이것만을
반죽해 놓아도 좋고, 전날 만든 바게트 반죽을 남겨 두어도 좋다.
발효종을 넣어 주면 글루텐 형성이 강화되고, 맛도 좋으며, 오래
보관할 수 있을 뿐 아니라 이스트 양도 줄일 수 있다. 그러나 너무
많이 넣으면 볼륨이 생기지 않고, 신맛이 날 수 있다.

1 작업대 위에 프랑스 빵 전용
밀가루를 놓고, 중앙에 홈을 파서
넓힌 후 액체가 흘러나오지 않도록
가장자리를 높여 놓는다.

2 ①의 안쪽에 이스트와 물을
붓는다. 항상 반죽의 정도를
조절하기 위해 물은
소량 남겨둔다.

3 손끝으로 이스트를 으깨어
풀어서 페이스트 상태를 만든다.

4 골고루 잘 섞는다.

5 손끝으로 가장자리의 밀가루를
조금씩 중앙으로 밀어 넣으며
섞는다.

6 한 손으로 카드를 들어
밀가루를 중앙으로 밀어 넣고,
다른 한 손으로 가루를 골고루
섞는다.

7 반죽을 으깨듯 주물러 나머지
밀가루를 반죽 속으로 밀어 넣으며
반죽한다.

8 카드로 흩어져 있는 밀가루를
모아 잘 섞어, 잘라 가며 반죽한다.
소금을 넣어 잘 섞는다. 수분이
부족하면 이때 보충한다.

9 마른 가루가 보이지 않으면,
반죽을 한 덩어리로 뭉쳐
손바닥으로 꾹꾹 눌러 가며
치댄다.

10 전체가 잘 섞이면, 반죽을
들어올려 작업대 위에 내려친다.

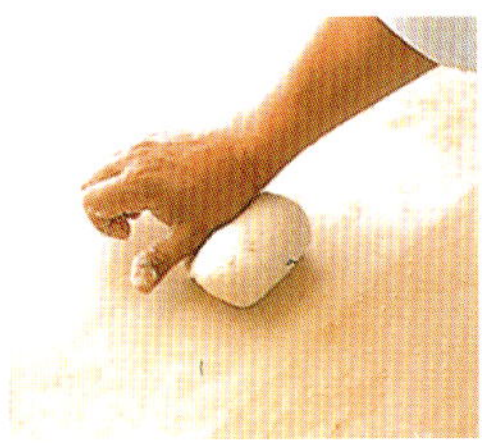

11 공기가 들어갈 수 있도록
반죽을 반으로 접는다.

12 90도씩 방향을 바꿔 가며 ⑩,
⑪ 과정을 반복하며 반죽한다.

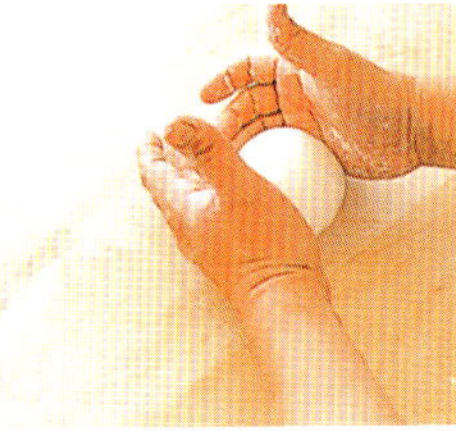

13 표면이 매끄러워지면,
밑바닥으로 반죽을 잡아당기며
양손으로 반죽을 둥글린다.

14 볼에 넣고, 그대로 두면 표면이
건조해지므로 랩을 씌워
발효시킨다. 최소 4시간은
발효시키고, 15~18시간 두는
경우는 1~2시간 발효시킨 후
공기를 빼 냉장고에 넣어 둔다.
발효되면 빵을 만들 때 이 반죽을
넣는다.

LES PAINS
CLASSIQUES
클래식 빵
PAIN DE CAMPAGNE
시골 빵

시골 빵
PAIN DE CAMPAGNE

이름이 말해주듯, 프랑스 빵 가운데 가장 오래된 빵 중의 하나. 손으로 반죽하던 시대에
프랑스의 시골 마을에서 만들었던 것이다.

les ingrédients
pour
2 pains de 470g

주재료
프랑스 빵 전용 밀가루 400g
호밀 가루 100g
생이스트 20g
소금 10g
물 320cc

발효 반죽(11쪽) 100g

마무리 재료
호밀 가루 적당량

commentaires:
이 빵을 만드는 법은 다른 빵(16~59쪽)의 기본이 된다. 테크닉을
익힌 다음, 우선 시골 빵(팽 드 캉파뉴) 굽는 것부터 시작해 보자.

1 작업대 위에 프랑스 빵 전용
밀가루를 놓고 그 위에 호밀
가루를 얹은 후 중앙에 홈을 판다.

2 홈을 넓히고 액체가 흐르지
않도록 가장자리를 높여 준다.

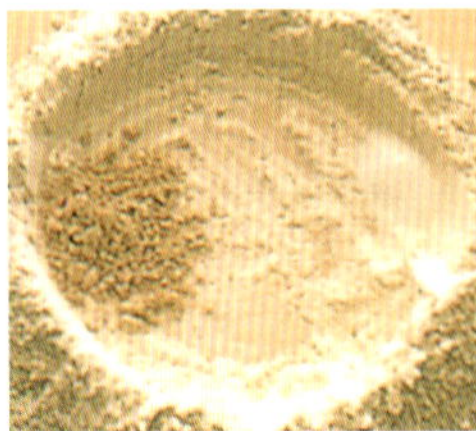

3 ①의 안쪽에 생이스트를 넣는다.
* 생이스트에 소금을 섞으면
소금이 이스트 세포를 분리,
파괴해서 발효를 억제하기 때문.

4 중앙에 물을 붓는다. 반죽의
정도를 조절하기 위해 물은 소량
남겨 둔다.

5 손끝으로 생이스트를 으깨어
풀고, 페이스트 상태가 되면
밀가루를 조금씩 중앙으로 밀어
넣으면서 섞는다.

6 내부의 밀가루가 어느 정도
섞이면 가장자리의 밀가루도
카드로 밀어 넣으며 섞어 준다.
섞을 때는 한쪽 손만 사용한다.

7 카드로 흩어져 있는 가루를
모아서 여기에 소금을 넣고 잘
섞어 잘라 가며 반죽을 완성한다.
수분이 부족하면 이때 보충한다.

8 전체가 잘 섞여 마른 가루가
보이지 않으면, 한 덩어리로 뭉쳐
반죽을 들어올려 작업대 위에
내려친다.

9 공기가 들어갈 수 있도록
반죽을 반으로 접는다. 90도씩
방향을 바꿔 가며 ⑧, ⑨ 과정을
반복하며 반죽한다.

10 반죽이 어느 정도 완성되면,
적당한 크기로 넓혀 그 위에 발효
반죽을 놓는다.
* 발효 반죽을 넣으면 발효가
빨라지고, 맛도 좋으며, 오래
보관할 수 있다.

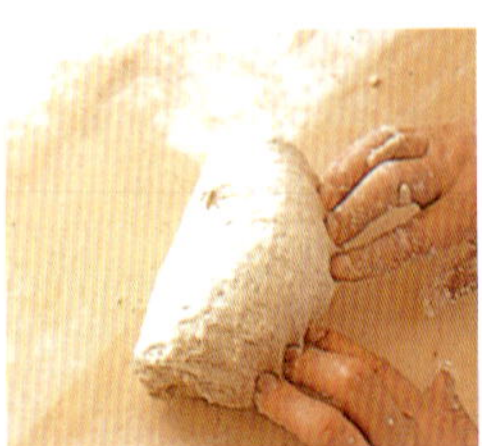

11 반으로 접어 발효 반죽이
중앙으로 갈 수 있도록 싸고
겉반죽을 밑으로 잡아당겨 둥글려
준다.

12 ⑧, ⑨와 같은 방법으로 10분
정도 반죽을 치댄다.

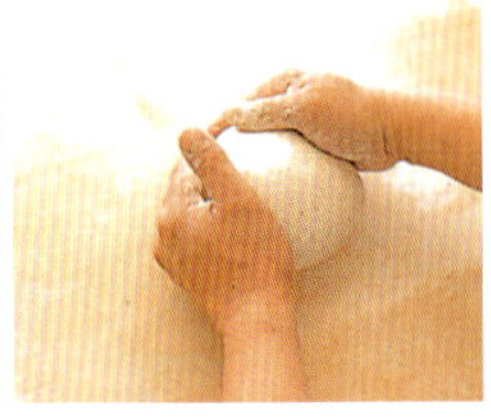

13 표면이 매끄러워지고,
글루텐이 충분히 형성되면,
밑바닥으로 반죽을 잡아당기며
양손으로 반죽을 둥글린다.

14 볼에 넣고 랩을 씌워 45분
정도 발효(1차 발효)시킨다.
* 랩을 씌우지 않으면 표면이
건조해진다.

15 처음 크기의 1.5~2배로
부풀어오르면 1차 발효 완료.

16 작업대 위에 여분의 밀가루를 뿌리고 반죽 표면이 망가지지 않도록 카드로 조심스럽게 꺼낸다.

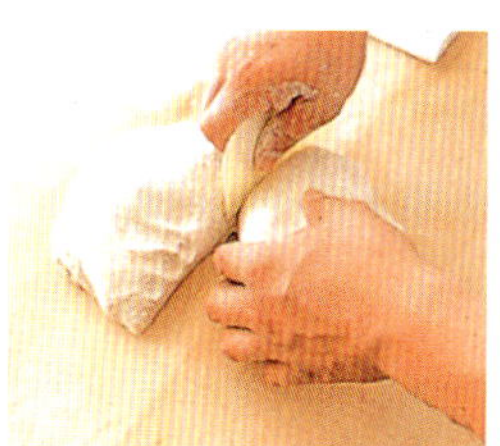

17 반죽을 470g씩 2덩어리로 만든다. 반드시 저울에 달아 계량한다.

18 2개의 반죽을 각각 ⑧, ⑨의 순으로 표면이 매끄러워질 때까지 치댄다.

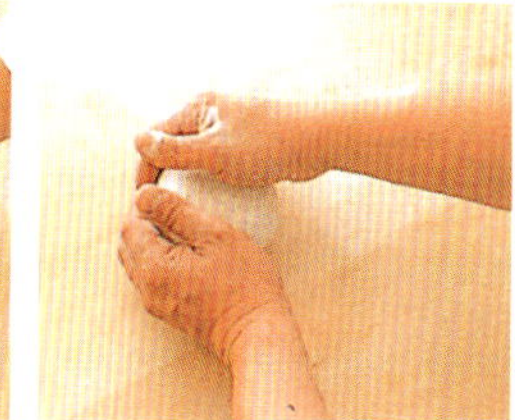

19 ⑬과 같이 표면을 정리한다.
* 이 작업을 통해 반죽이 균일하게 발효되고 글루텐 형성이 잘된다.

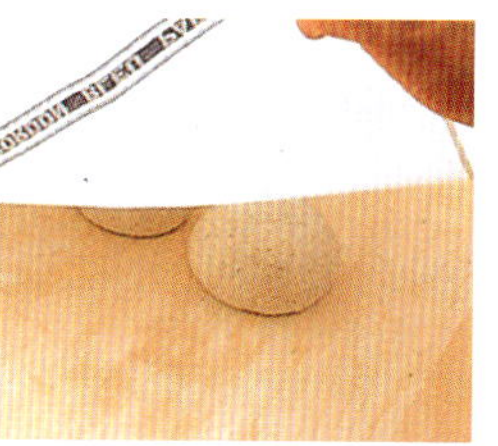

20 면보를 덮어 반죽을 15분 정도 휴지시킨다.
* 이 작업으로 반죽에 탄력이 생겨 성형이 쉬워진다.

21 반죽 밑바닥을 위로 놓고, 손바닥으로 반죽을 눌러 공기를 빼고 타원형으로 만든다.

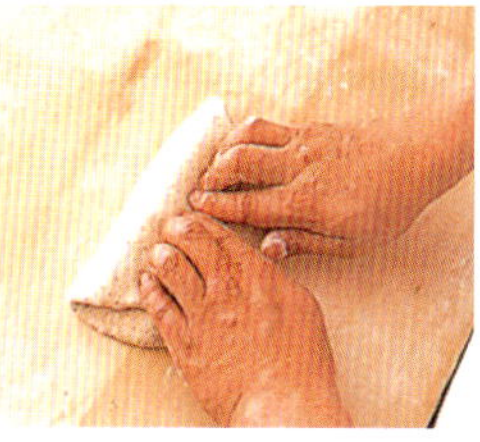

22 반죽 한쪽의 3분의 1 정도를 접어 손끝으로 눌러 준다.

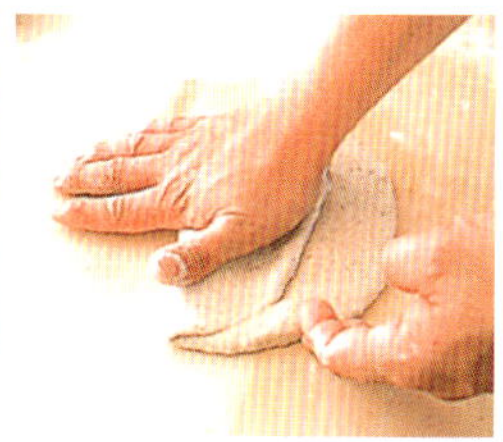

23 접힌 부분을 손바닥으로 눌러 공기를 뺀다.

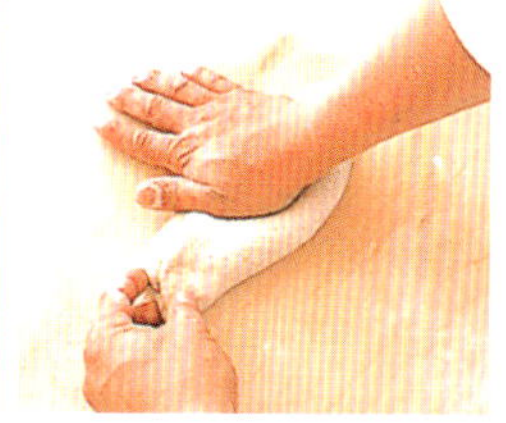

24 반대쪽도 접어 손끝으로 눌러 준다. 다시 손바닥으로 눌러 공기를 빼고 평평하게 만든다.

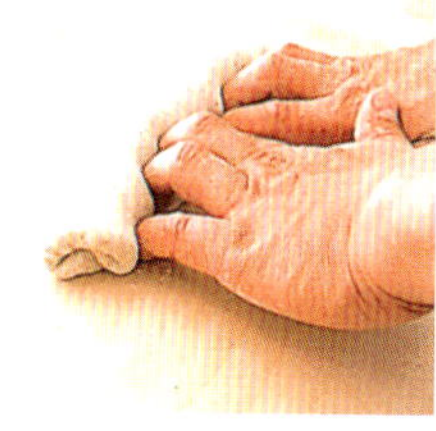

25 다시 반으로 접어 손끝으로 꾹꾹 눌러 반죽을 붙여 준다.

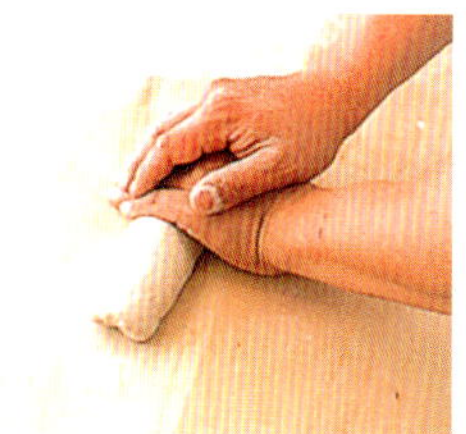

26 반죽 이음새 부분을 밑으로 놓고, 중앙에 양손을 겹쳐 눌러 가며 조여 준다.

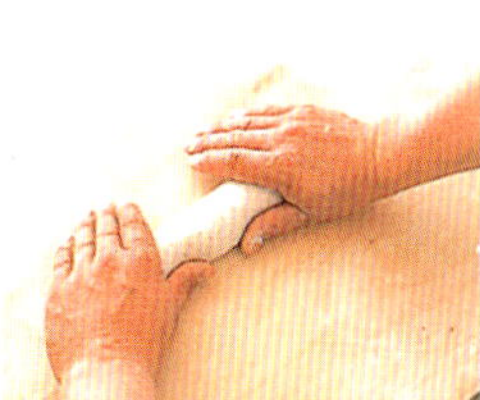

27 반죽의 조직을 치밀하게 하며 좌우로 넓혀 막대 모양을 만든다.

28 25cm 정도의 길이로 늘여 양끝을 약간 가늘게 모양을 다듬어 준다.

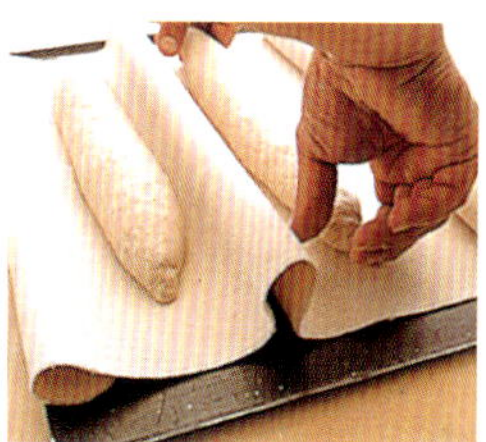

29 오븐 팬에 캔버스 천을 굴곡을 만들어 깔고, 그 위에 반죽이 서로 붙지 않도록 여유를 두고, 이음새를 밑으로 해서 놓는다.

30 면보를 덮어 1시간 30분 정도 발효(최종 발효)시킨다. 표면이 마르지 않도록 하고, 바람이나 직사광선은 피한다. 온도는 26~30℃가 적당하다.

31 반죽이 2배 정도로 부풀어오르면 발효 완료. 발효 후 전체에 호밀 가루를 뿌린다.

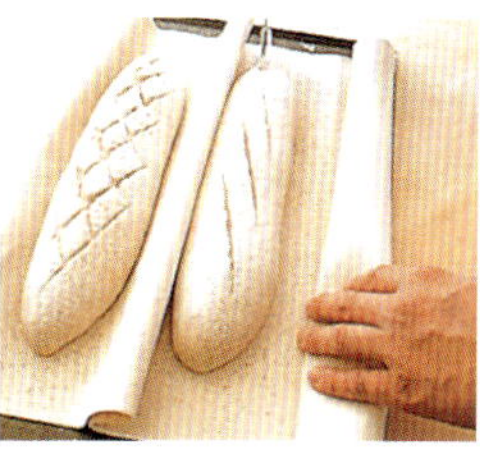

32 칼로 칼집(반죽 하나에는 사선으로 3군데, 다른 하나에는 폴카라고 하는 모양)을 넣고, 반죽을 판자에 얹어 버터 바른 오븐 팬에 옮긴다.(18쪽 ⑪참고)

33 오븐은 230℃로 예열한 뒤 물을 담은 용기를 넣어 수증기를 내둔다. ㉜의 오븐 팬을 넣고 40분 정도 굽는다.

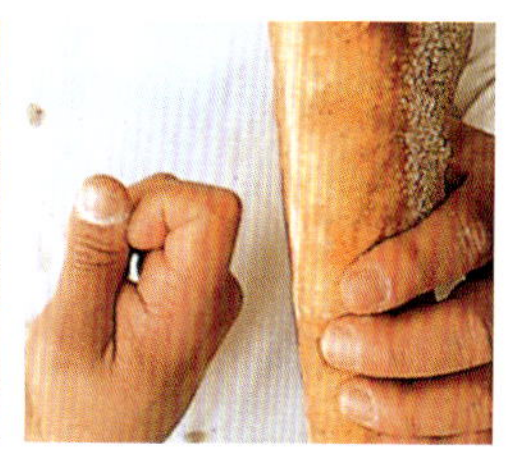

34 표면이 옅은 갈색으로 구워지고, 밑바닥을 두드려 보아 건조된 소리가 나면 완성.

35 다 구워지면 식힘망에 얹어 놓는다. 팬에 그대로 두면 증발했던 수분이 빵 밑바닥에 차서 크러스트(빵 껍질)가 습해진다.

PAIN COMPLET
통밀 빵

BAGUETTE FRANÇAISE
프랑스 바게트

통밀 빵
PAIN COMPLET

콩프레는 '모두 모였다'는 의미로, 밀을 껍질째 제분하여 만든 밀가루다. 영양가 높은 성분을 함유한 식이요법에 좋은 빵이다.
여기서는 바타르(둥글지도 길쭉하지도 않은 모양)와 불(동그란 모양)을 만들어 본다.

les ingrédients
pour
2 pains de 470g

주재료
프랑스 빵 전용 밀가루 150g
통밀 가루 350g
생이스트 8g
소금 10g
물 350cc
발효 반죽(11쪽) 80g

préparation:
순서에 들어가기 전, 시골 빵(팽 드 캉파뉴) 만들 때와 같이 반죽을 치대어 1시간 정도 발효시킨다. 볼에서 반죽을 꺼내 2등분 한 뒤 각각 둥글리기 해서 휴지시킨다.(14 · 15쪽 ①~⑳)

commentaires:
· 통밀 가루는 미세한 분말 타입을 사용한다.
· 얇게 슬라이스해서 햄이나 파테 등과 함께 즐긴다.

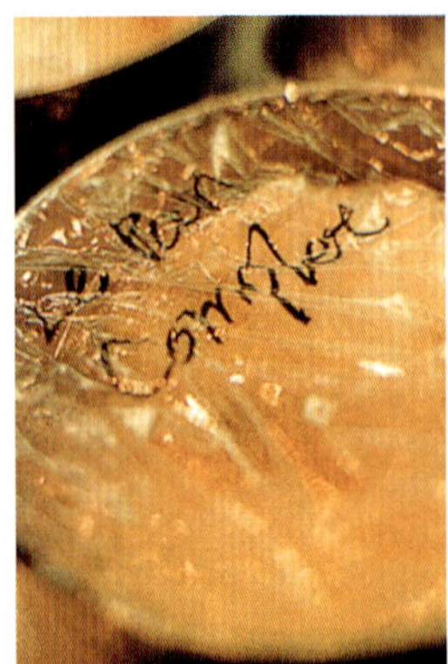

1 바탈루를 만든다. 반죽 하나의 밑바닥을 위로 오게 놓고, 손바닥으로 눌러 공기를 뺀다.

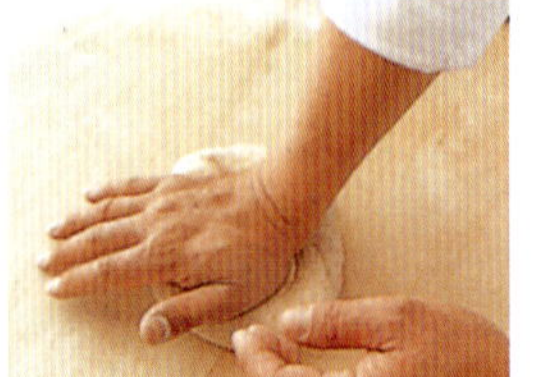

2 한쪽의 3분의 1 정도를 접어 손끝으로 누른 후 손바닥으로 눌러 공기를 뺀다.

3 반대쪽도 접어 ②와 같은 식으로 손바닥으로 눌러 공기를 빼고, 반죽을 평평하게 만든다.

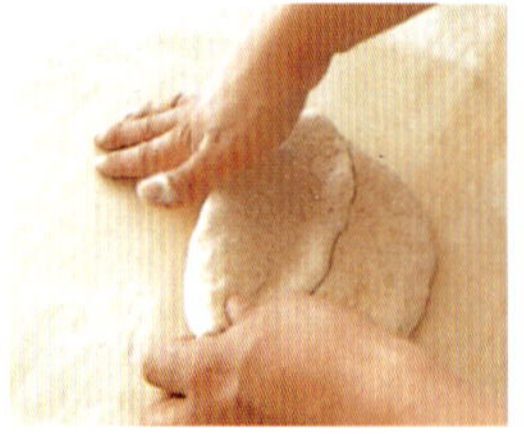

4 다시 반으로 접어 손끝으로 이음새 부분을 꾹꾹 눌러 반죽을 붙여 준다.

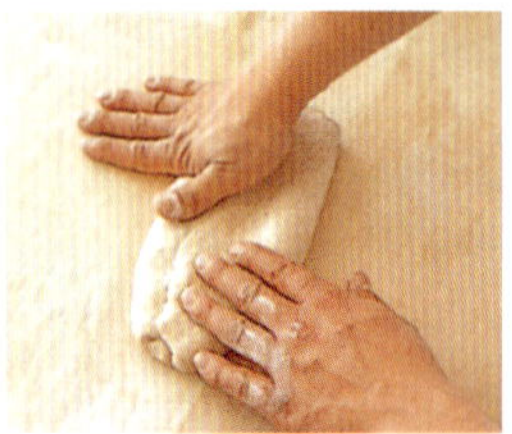

5 이음새를 밑으로 해서 중앙에 손을 겹쳐 놓고 반죽을 눌러 준다.

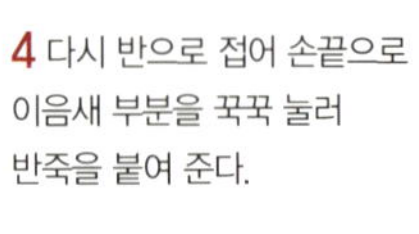

6 반죽을 조이면서 좌우로 넓혀 28cm 정도의 길이로 늘이고, 양끝 모양을 약간 가늘게 다듬어 준다.

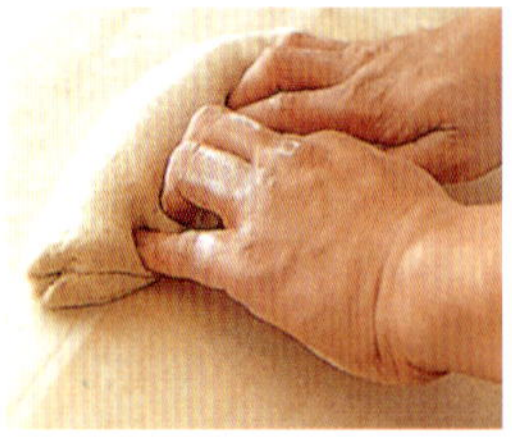

7 블루를 만든다. 남은 반죽을 ①과 같이 해서 공기를 뺀 후 평평하게 만들어, 가장자리의 반죽을 중앙으로 모으듯이 접어 살짝 눌러 준다.

8 거친 부분을 밑으로 뒤집어 밑바닥으로 반죽을 잡아당기며 양손으로 둥글린다. 표면이 매끄러워지고, 반죽 조직에 탄력이 생기면 밑바닥을 단단히 붙여 준다.

9 오븐 팬에 캔버스 천을 굴곡을 주어 깔고, ⑥과 ⑧의 반죽이 서로 붙지 않도록 여유 있게 이음새를 밑으로 해서 놓는다. 면보를 덮어 1시간 45분 정도 발효시킨다.

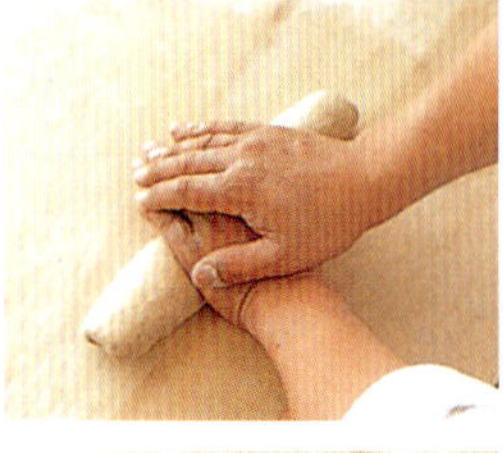

10 알맞은 발효 상태. 반죽이 2배 정도로 부풀어오르면 발효 완료.

11 ⑩의 반죽을 판자에 얹어 모양이 망가지지 않도록, 버터를 바른 오븐 팬에 조심스럽게 옮긴다. 반죽의 윗면이 밑으로 오도록 판자에 얹어, 오븐 팬에 옮길 때 뒤집어서 ⑩과 같은 위치가 되도록 놓는다.

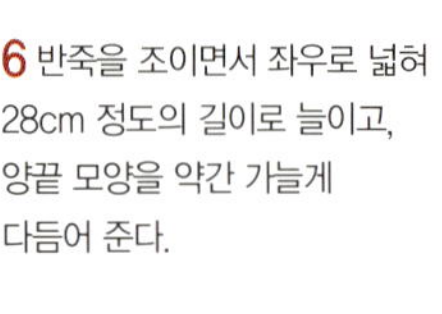

12 칼날을 세워 바탈루는 사선으로, 블루는 가로로 칼집을 넣는다. 수증기를 내둔 220℃의 오븐(15쪽 ㉝)에 40분 정도 굽는다.

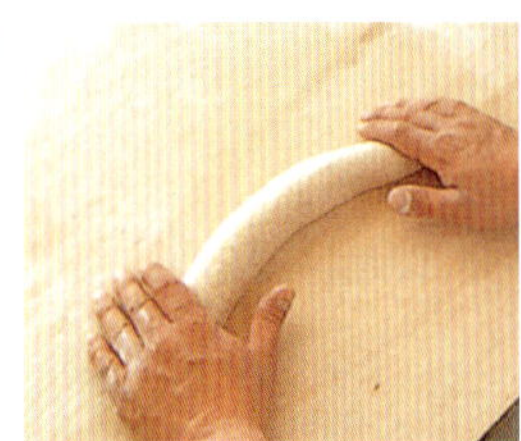

프랑스 바게트
BAGUETTE FRANÇAISE

60여 년 전, 프랑스의 빵 소비량이 증가했기 때문에 그때까지의 시골 빵 등 대형 빵을 대신해 만들어졌다.
샌드위치용으로도 실용적.

les ingrédients
pour
4 baguettes de 230g

주재료
프랑스 빵 전용 밀가루 500g
생이스트 5g
소금 9g
물 320cc
발효 반죽(11쪽) 100g

préparation:
순서에 들어가기 전에 팽 드
캄파뉴 만들 때와 같이 반죽을
치대어 45분~1시간 정도
발효시킨다.(14쪽 ①~⑮)

commentaires:
가정용 오븐 사이즈에 맞춰
반죽의 양과 크기를 조절한다.
같은 반죽을 사용해 에피(보리
이삭)나 소형 샹피뇽(버섯)등 여러
가지 모양의 빵을 만들어도 좋다.

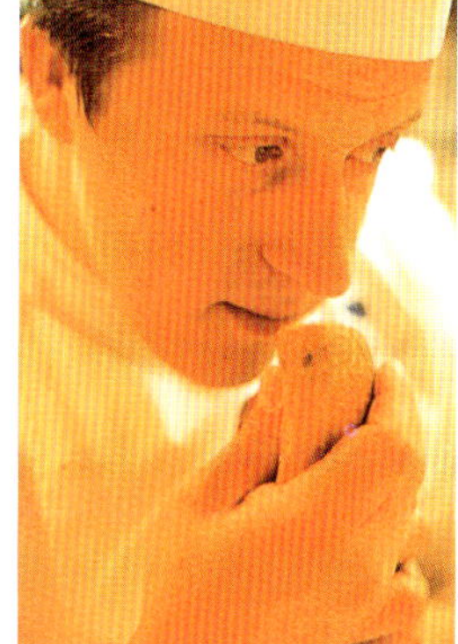

1 작업대 위에 여분의 밀가루를
뿌리고, 카드로 볼에서 반죽을
꺼낸다.

2 ①을 230g씩 4개로 나눠
양손으로 둥글리며 타원형으로
만든다.

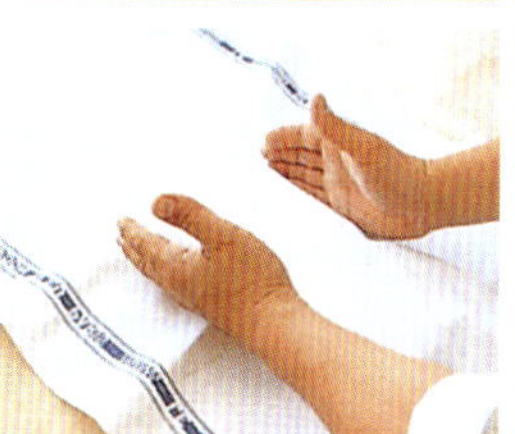

3 면보를 덮어 실온에서 20분
정도 휴지시킨 후 손바닥으로
눌러 공기를 뺀다.

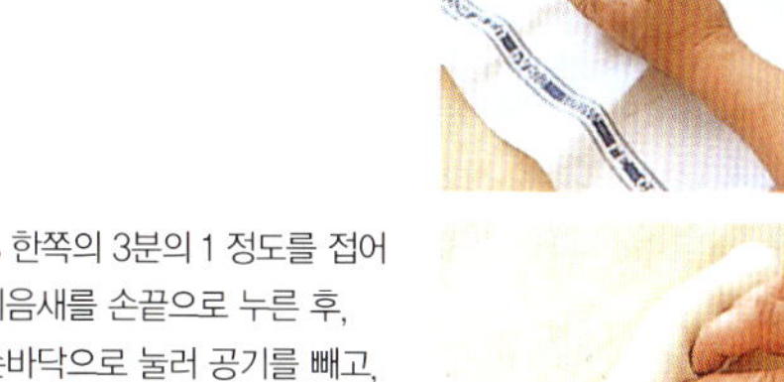

4 한쪽의 3분의 1 정도를 접어
이음새를 손끝으로 누른 후,
손바닥으로 눌러 공기를 빼고,
반대쪽도 같은 방법으로 접어
공기를 뺀다. 다시 반으로 접어
이음새를 단단히 눌러 붙여준다.

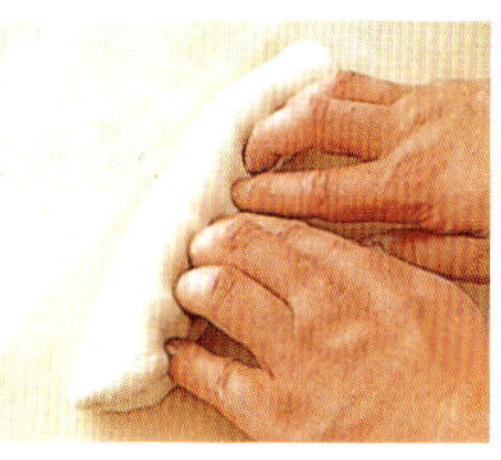

5 이음새를 밑으로 놓고,
중앙에 양손을 겹쳐 올려
반죽을 눌러 준다.

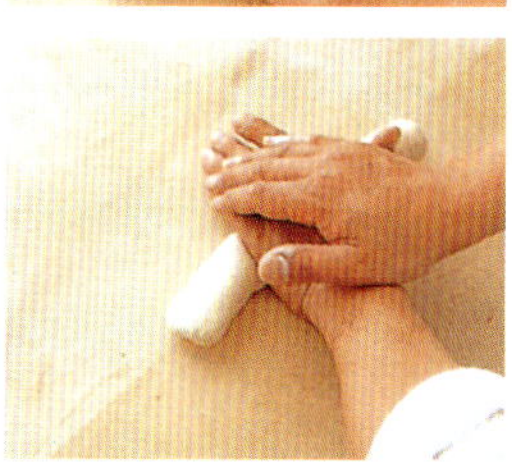

6 반죽을 조여 가며 좌우로
넓혀 막대 모양을 만든다.

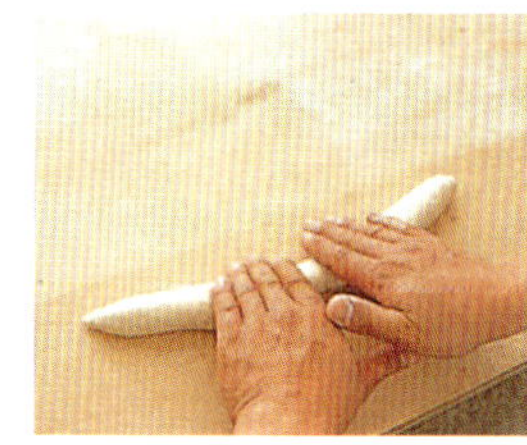

7 45cm 정도의 길이로 늘여
양끝은 양손을 상하 반대
방향으로 움직여 가늘게 만든다.

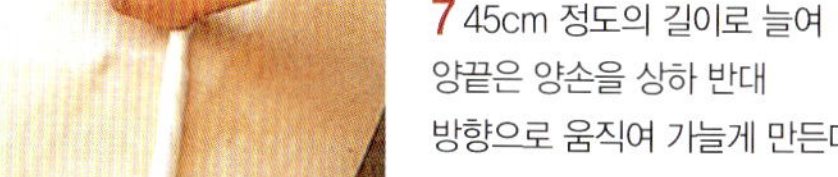

8 캔버스 천을 굴곡을 주어
오븐 팬에 깔고, 4개의 반죽이
서로 달라붙지 않도록 이음새를
밑으로 해서 여유 있게 놓는다.

9 면보를 덮어 1시간 30분 정도
발효시킨다.

10 알맞은 발효 상태. 반죽이
2배 정도로 부풀어오르면 발효
완료.

11 ⑩의 반죽을 모양이
망가지지 않도록 판자에 얹어
버터를 바른 오븐 팬에 옮긴다.
반죽 윗면이 밑에 오도록
판자에 얹어 오븐 팬에 옮길 때
뒤집어서 ⑩과 같은 상태가
되도록 놓는다.

12 칼날을 세워 사선으로
가늘게 5~6군데 칼집을
넣는다. 수증기를 내둔 220℃
오븐(15쪽 ㉝)에 20분 정도
굽는다.

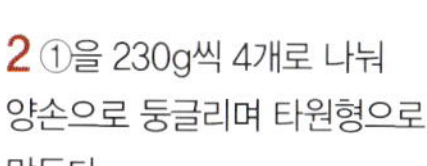
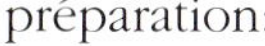
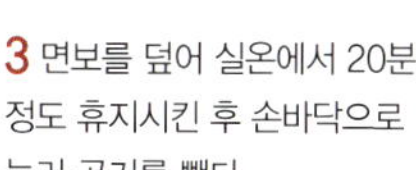

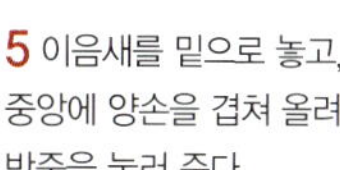

밀기울 빵
PAIN AU SON

이 빵은 프랑스의 가장 오래된 빵 중의 하나. 식이섬유 등 양질의 영양소를 함유해 병원에서 자주 만들고 있다.

les ingrédients
pour
2 pains de 340g

주재료
프랑스 빵 전용 밀가루 250g
밀기울 80g
생이스트 8g
소금 9g
물 260cc
발효 반죽(11쪽) 80g

마무리 재료
밀기울 적당량

préparation:
순서에 들어가기 전, 팽 드 캉파뉴
만들 때와 같이 반죽을 치대어
1시간 정도 발효시킨다.
볼에서 반죽을 꺼내 2등분 하고
각각 둥글리기 해서 휴지시킨다.
(14 · 15쪽 ①〜⑳)

1 반죽의 밑바닥을 위로 오게
놓고, 손바닥으로 눌러 공기를
뺀다.

2 90도로 방향을 바꿔 가며
손바닥으로 눌러 완전히 공기를
뺀다.

3 한쪽의 3분의 1 정도를 접어
이음새를 손끝으로 누르고, 다시
손바닥으로 눌러 공기를 뺀다.

4 반대쪽도 접어 이음새를
손끝으로 누르고 손바닥으로
눌러 반죽을 평평하게 만든다.

5 다시 반으로 접어 손끝으로
이음새를 눌러 붙여 준다. 이때
반죽을 조여 조직이
치밀해지도록 만든다.

6 이음새를 밑으로 놓고,
중앙에 양손을 겹쳐 반죽을
눌러 준다.

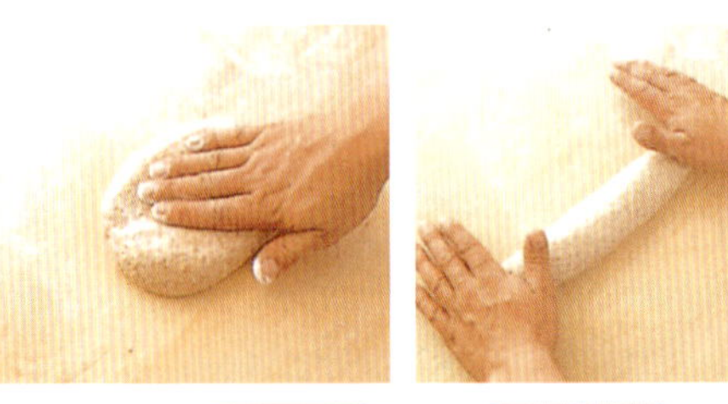
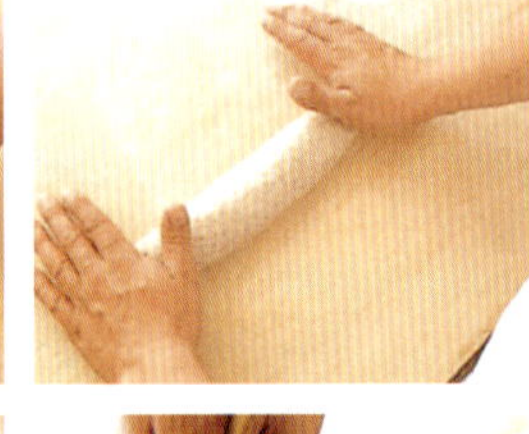

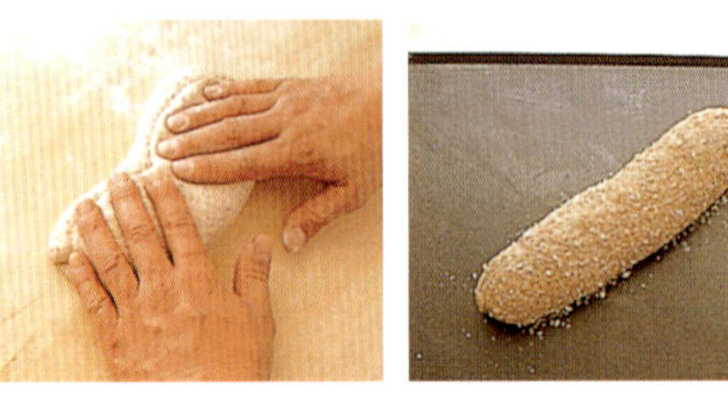
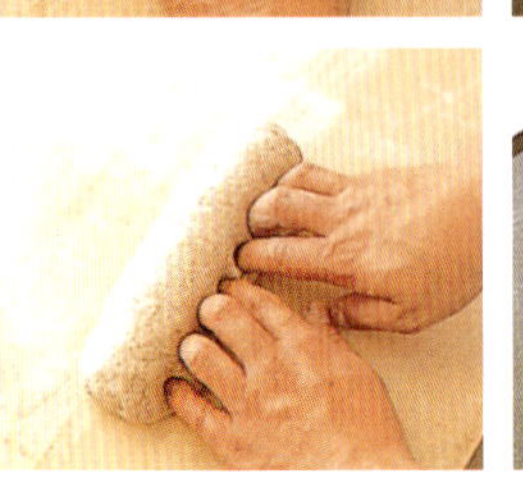
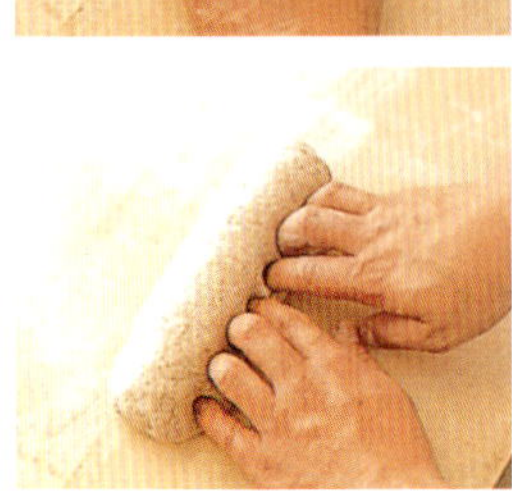
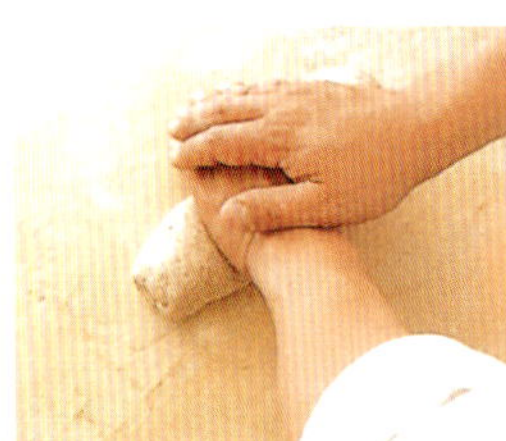

7 반죽을 조여 가며, 좌우로
넓혀 28cm 정도의 길이로
늘인다. 다시 양손을 상하 반대
방향으로 움직여 양끝을 약간
가늘게 모양을 잡아 준다.

8 붓으로 반죽 표면에 물을
바른다.

9 반죽 표면에 밀기울을
묻힌다.

10 버터를 바른 오븐 팬에
이음새를 밑으로 오게 놓고,
면보를 덮어 1시간 40분 동안
발효시킨다.

11 반죽이 2배 정도로
부풀어오르면 최종 발효 완료.
세로로 3군데 칼집을 내고,
수증기를 내둔 오븐(15쪽
㉝)에 30분 정도 굽는다.

RUSTIQUE
뤼스티크

PAIN POLKA
폴카 빵

뤼스티크
RUSTIQUE

'소박한' '시골풍의' 라는 뜻의 이름이 붙여진 이 빵은 팽 드 캉파뉴가 변화한 것.
성형하지 않고 구워 내므로 손이 많이 가지 않는 빵이다.

les ingrédients
pour
3 pains de 350g

주재료
프랑스 빵 전용 밀가루 500g
호밀 가루 5g
생이스트 8g
소금 10g
물 350cc
발효 반죽(11쪽) 200g

préparation:
순서에 들어가기 전, 팽 드 캉파뉴
만들 때와 같이 반죽을 치대어
45분~1시간 정도
발효시킨다. (14쪽 ①~⑮)

1 작업대 위에 여분의 밀가루를
뿌리고, 카드로 볼에서 반죽을
꺼낸다. 직사각형으로 만들어
놓고 손바닥으로 가볍게 눌러
공기를 뺀 다음 그 위에
밀가루를 뿌린다.

2 오븐 팬에 캔버스 천을 깔고
밀가루를 듬뿍 뿌린다.

3 카드로 반죽을 3등분 한다.
이 빵은 무게를 잴 필요가
없으므로, 눈대중으로 한다.

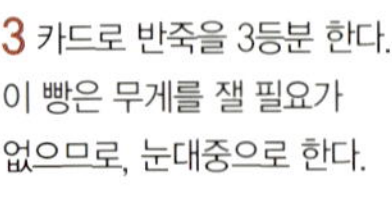

4 반죽의 매끄러운 면을 위로
놓고, ②의 캔버스 천 위에 반죽
2개를 세로로 놓는다.

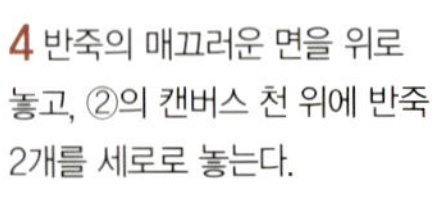

5 캔버스 천에 굴곡을 주고,
남은 1개의 반죽을 놓는다.
이때 반죽이 서로 달라붙지
않도록 여유를 둘 것.

6 면보를 덮어 1시간~1시간
30분 동안 발효시킨다.

7 반죽이 2배 정도로
부풀어오르면 발효 완료.
밀가루를 뿌려 준다.

8 반죽을 판자에 얹어 모양이
망가지지 않도록, 버터를 바른
오븐 팬에 조심스럽게 옮긴다.
판자에는 반죽의 윗면이 밑으로
오도록 얹는다.

9 오븐 팬에 옮길 때 뒤집어서
⑦과 같은 위치가 되도록 한다.

10 중앙에 세로로 1줄 칼집을
넣는다. 수증기를 내둔 220℃의
오븐(15쪽 ㉝)에 35분 정도
굽는다.

폴카 빵
PAIN POLKA

프랑스 남동부의 추운 지역에서 50여 년 전부터 만들어 먹던 껍질이 두꺼운 빵이다. 폴카라고 하는 비스듬한 격자 모양의 칼집을 깊게 넣는다.

les ingrédients

pour

1 pain de 1460g

주재료

프랑스 빵 전용 밀가루 550g
통밀 가루 100g
생이스트 15g
소금 15g
물 400cc
발효 반죽(11쪽) 380g

préparation:

순서에 들어가기 전, 팽 드 캉파뉴
만들 때와 같이 반죽을 치대어
15분간 발효시킨다.(14쪽 ①〜⑮)

1 작업대 위에 여분의 밀가루를
뿌리고 카드로 볼에서 반죽을
꺼낸다.

2 반죽을 접어 공기를 뺀다.

3 매끄러운 면이 위가 되도록
반죽을 말아 준다.

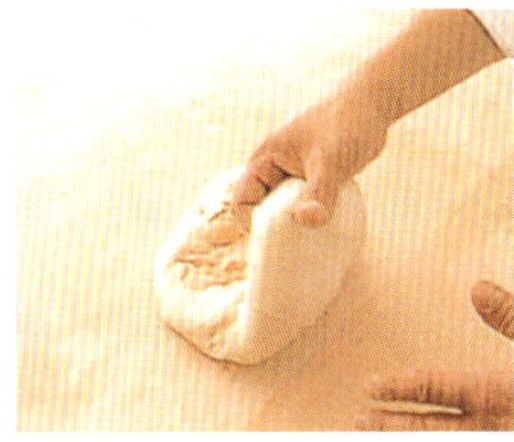

4 다시 손바닥으로 눌러 공기를
뺀다.

5 양손으로 반죽을 돌려 가며,
위에서 밑바닥으로
잡아당기면서 표면을 매끈하게
정리한다.

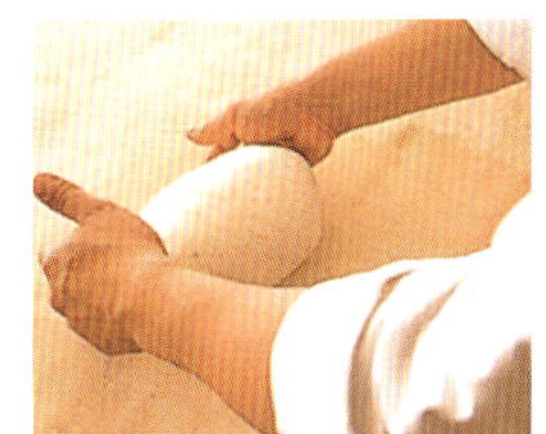

6 반죽을 둥글게 만든다. 이때
반죽을 너무 조이지 않도록
한다. 그리고 반죽을 평평하게
만드는데, 조직이 너무 치밀하면
반죽에 힘이 생겨 넓게 펴지지
않으므로 주의한다

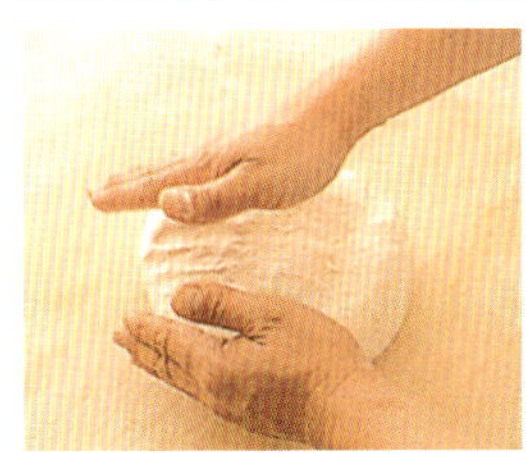

7 반죽을 손바닥으로 눌러
납작한 원형으로 만든다.

8 다시 밀대로 밀어 반죽을
평평하게 한다.

9 버터를 바른 오븐 팬에 놓고,
모양을 다듬은 후, 면보를 덮어
30분간 발효시킨다.

10 칼로 비스듬한 격자 모양의
칼집을 깊게 넣는다.

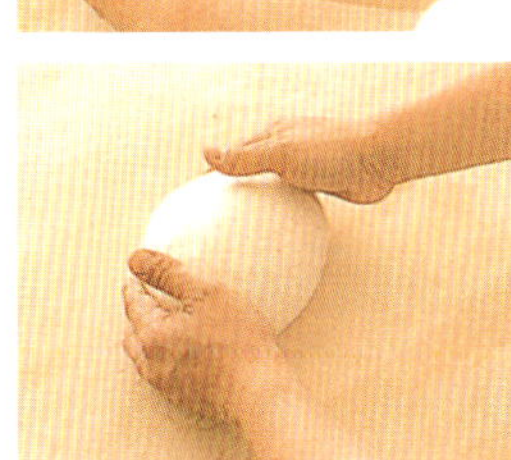

11 다시 면보를 덮어 45분간
발효시킨다.

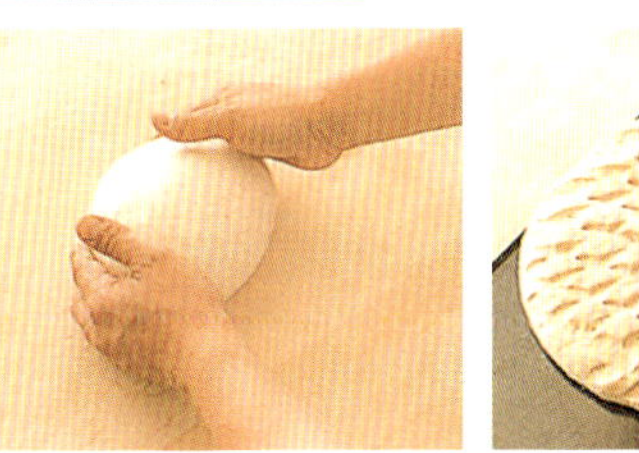

12 반죽이 2배 정도로
부풀어오르면 발효 완료.
밀가루를 골고루 뿌리고
수증기를 내둔 240℃의
오븐(15쪽 ㉝)에 35분 정도
굽는다.

농부의 빵
PAIN PAYSAN

이름이 말해 주듯, 농부에 의해 만들어진 빵이다. 팽 드 캉파뉴와 비슷하며 호밀 가루 대신 통밀 가루를 사용하는 것이 다르다.

les ingrédients
pour
3 pains de 320g

주재료
프랑스 빵 전용 밀가루 400g
통밀 가루 100g
생이스트 10g
소금 10g
물 350cc
발효 반죽(11쪽) 100g

préparation:
순서에 들어가기 전, 팽 드 캉파뉴
만들 때와 같이 반죽을 치대어
45분간 발효시킨다.(14쪽 ①~⑮)

1 작업대 위에 여분의 밀가루를
뿌리고, 카드로 볼에서 반죽을
꺼낸다. 3등분 한 후,
손바닥으로 눌러 공기를 뺀다.

2 공기를 완전히 빼고,
양손으로 돌려 가며 밑바닥으로
반죽을 잡아당기며 둥글리기
한다.

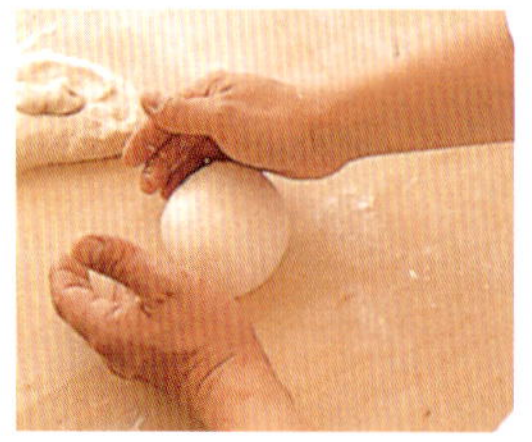

3 면보를 덮어 15분간
휴지시킨다.

4 거친 부분을 위로 놓고
손바닥으로 눌러 공기를 뺀다.
한쪽의 3분의 1 정도를 접어
손바닥으로 눌러 공기를 빼고,
반대쪽도 같은 방법으로 접어
공기를 뺀다.

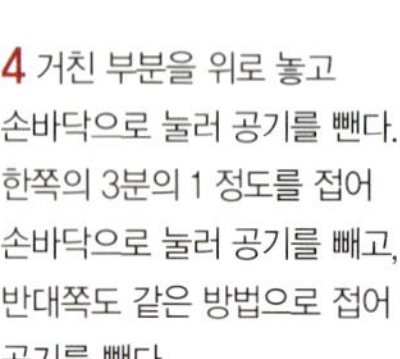

5 다시 반으로 접어 이음새를
손끝으로 단단히 눌러 붙인다.

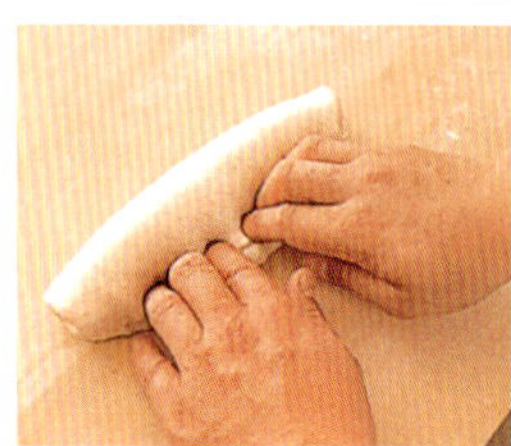

6 이음새를 밑으로 놓고 중앙에
양손을 겹쳐 놓는다. 반죽을
조여 가며 좌우로 넓혀 26cm
정도의 길이로 만들고, 한쪽
끝은 약간 가늘게 한다.

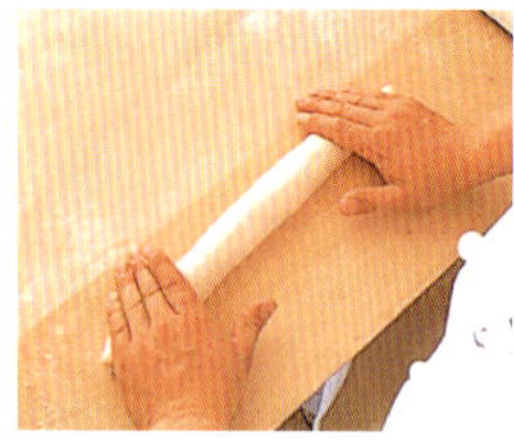

7 이음새를 위로 놓고 가늘게
만든 반대쪽 끝을 3분의 1 정도
접는다.

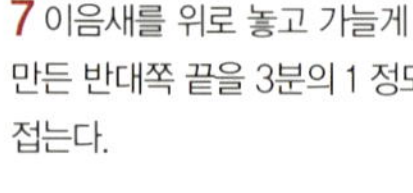

8 반죽을 뒤집어 단단히 누르며
긴 삼각형으로 모양을 다듬어
준다.

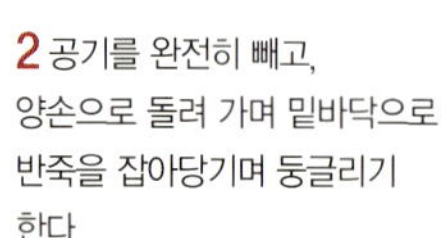

9 오븐 팬에 캔버스 천을
굴곡을 주어 깔고, 반죽이 서로
달라붙지 않도록 여유 있게
이음새를 밑으로 오도록 놓는다.
위에서 밀가루를 뿌린다.

10 칼날을 세워 굵은 부분의
중앙에서 바깥쪽을 향해
八자형으로 칼집을 넣는다.
면보를 덮어 1시간 15분~1시간
30분 정도 발효시킨다.

11 알맞은 발효 상태. 반죽이
2배 정도로 부풀어오르면 발효
완료. 반죽을 판자에 얹어
모양이 망가지지 않게, 버터를
바른 오븐 팬에 조심스레
옮긴다. 반죽의 윗면이 밑에
오도록 판자에 얹는다.

12 오븐 팬에 옮길 때 뒤집어
⑩과 같은 상태로 한다.
수증기를 내둔 230℃의
오븐(15쪽 ㉝)에 30분 정도
굽는다.

FENDU, TABATIÈRE
팡뒤, 타바티에르

TOURTE AUVERGNATE
오베르뉴의 둥근 빵

팡뒤, 타바티에르
FENDU, TABATIÈRE
프랑스 오베르뉴 지방에서 자주 만들어 먹는 빵. 팡뒤는 '쪼개진, 갈라진', 타바티에르는 '코담배 주머니' 라는 의미이다.

les ingrédients
pour
2 pains de 470g

주재료
프랑스 빵 전용 밀가루 200g
강력분 200g
호밀 가루 50g
생이스트 20g
소금 8g
설탕 10g
물 270cc
발효 반죽(11쪽) 200g

마무리 재료
호밀 가루 적당량

préparation:
순서에 들어가기 전, 팽 드 캉파뉴
만들 때와 같이 반죽을 치대는데,
물을 넣을 때 설탕도 함께 넣고
반죽해 1시간 정도
발효시킨다.(14쪽 ①～⑮)

commentaires:
치즈(캉탈, 생넥테르)를 곁들여
먹으면 더욱 훌륭한 맛을 즐길 수
있다.

1 작업대 위에 여분의 밀가루를
뿌리고, 카드로 볼에서 반죽을
꺼낸다. 2등분 해 손바닥으로
눌러 공기를 빼고, 양손으로
반죽을 조여 가며 둥글게
만든다.

2 면보를 덮어 15분간
휴지시킨다.

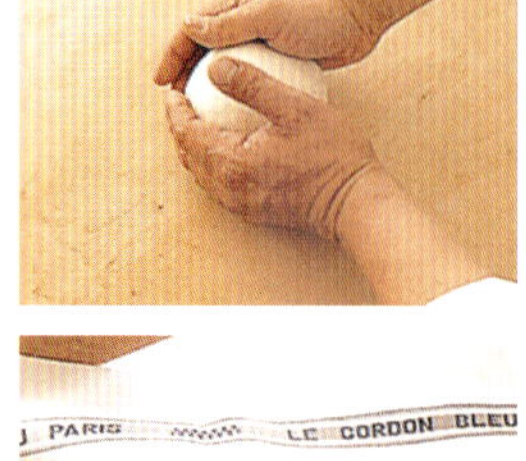
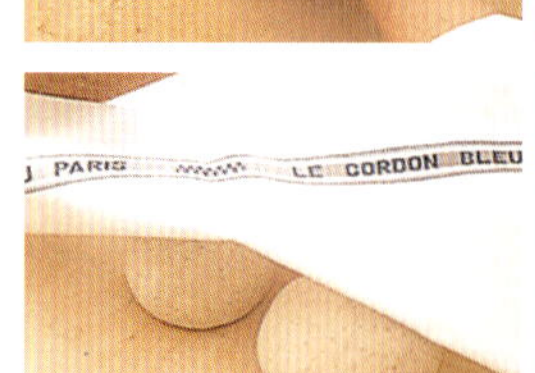

3 팡뒤를 만든다. 반죽 하나의
거친 부분을 위로 놓고
손바닥으로 눌러 공기를 뺀다.
한쪽의 3분의 1 정도를 접어
이음새를 손끝으로 단단히 눌러
붙이고 손바닥으로 반죽을 눌러
공기를 뺀다.

4 반대쪽도 접어 ③과
마찬가지로 공기를 뺀다. 다시
반으로 접어 이음새를 눌러
붙인다. 이음새를 밑으로 놓고
반죽을 가볍게 조이면서 32cm
정도의 막대 모양으로 성형한다.

5 중앙에 호밀 가루(분량 외)를
충분히 뿌리고, 가는 밀대로
반죽 중앙을 눌러 길게 자국을
만들어 팡뒤 모양으로 성형한다.

6 타바티에르를 만든다. ②의
남은 반죽을 가볍게 둥글린다.

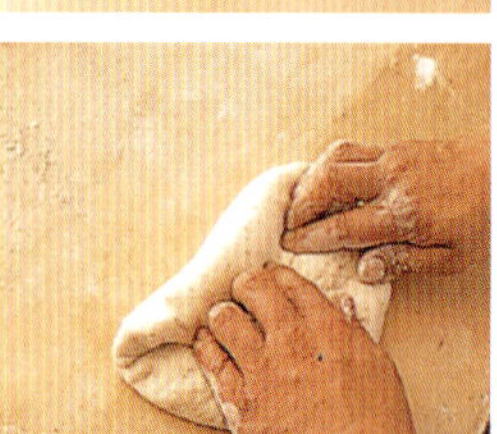
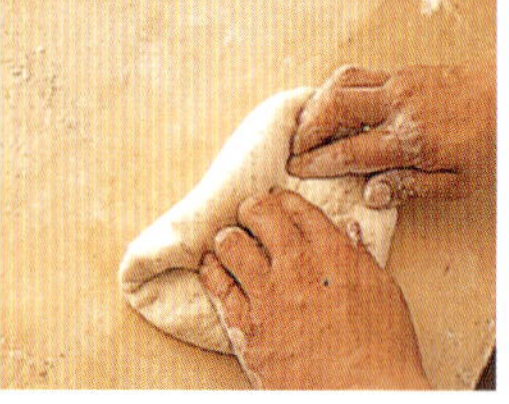

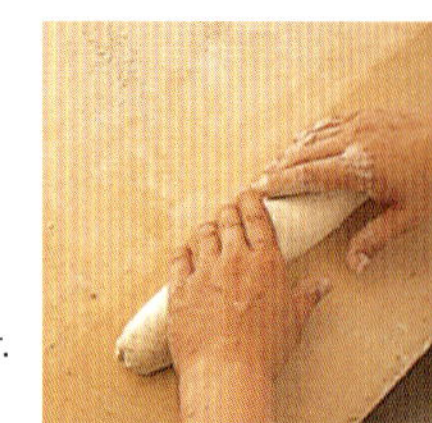
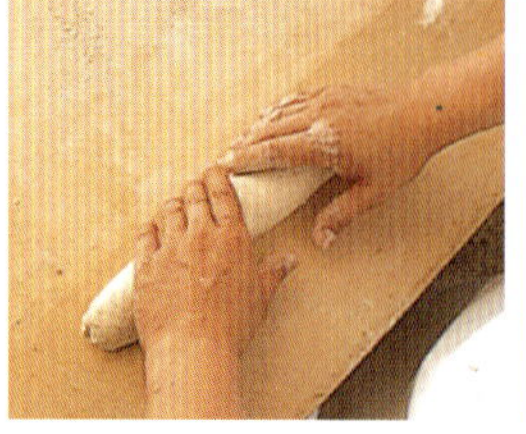

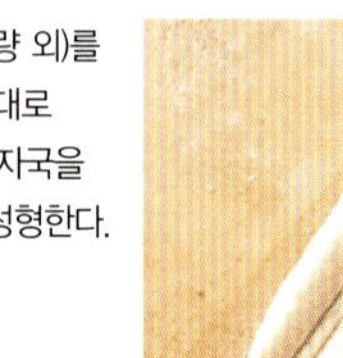

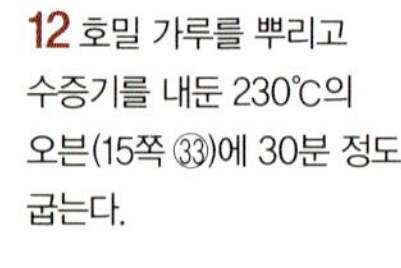

7 반죽에 호밀 가루(분량 외)를
충분히 뿌리고, 반죽의 반만
밀대로 얇게 편다. 이때 호밀
가루를 듬뿍 뿌리지 않으면
반죽이 작업대에 달라붙어
찢어져 버린다.

8 반죽이 겹쳐질 부분의 중심에
물을 바른다.

9 반죽의 얇게 편 부분을
두꺼운 부분에 접어 씌워,
타바티에르 모양으로 성형한다.

10 캔버스 천에 호밀 가루(분량
외)를 뿌려 두고, 반죽의 윗면을
밑으로 해서 놓고, 면보를 덮어
1시간 15분～1시간 30분 정도
발효시킨다.

11 반죽이 망가지지 않도록
판자에 얹어 버터를 바른 오븐
팬에 옮긴다. 여기서 윗면이
위로 오는 상태가 된다.

12 호밀 가루를 뿌리고
수증기를 내둔 230℃의
오븐(15쪽 ㉝)에 30분 정도
굽는다.

오베르뉴의 둥근 빵
TOURTE AUVERGNATE

프랑스 오베르뉴 지방의 도시 캉탈의 명물인 둥근 빵은 지금도 많은 사람들이 즐기고 있다. 오래 보관할 수 있다는 것이
최고의 장점인데 이는 두꺼운 껍질 덕분이다.

les ingrédients
pour
2 pains de 690g

matériel:
ϕ 22cm의 반통(2개)

주재료

프랑스 빵 전용 밀가루 150g
호밀 가루 550g
생이스트 5g
소금 12g
물 450cc
발효 반죽(11쪽) 230g

préparation:
순서에 들어가기 전, 팽 드 캉파뉴
만들 때와 같이 반죽을
치대어(호밀 가루의 비율이 많아,
반죽할 때 끈적거리므로
주의한다. 반죽은 너무 치대지
말고 부드럽게 만든다), 1시간
45분 정도 발효시킨다.(14쪽
①~⑮)

commentaires:
얇게 슬라이스해 치즈와 함께
즐긴다. 캉탈 지방은
치즈(캉탈, 생넥테르,
등) 또한 유명하다.

1 발효 용기에 호밀 가루(분량
외)를 알맞게 뿌려 둔다. 호밀
가루가 너무 많으면 모양이
예쁘게 나오지 않고, 적으면
용기에 달라붙어 꺼내기 어렵다.

2 알맞은 발효 상태가 되면
작업대에 여분의 밀가루를
뿌리고 카드로 볼에서 반죽을
꺼내 2등분 한다.

3 손바닥으로 눌러 납작하게
만들어 가장자리의 반죽을
중앙으로 모으듯이, 공기를
빼가며 접는다.

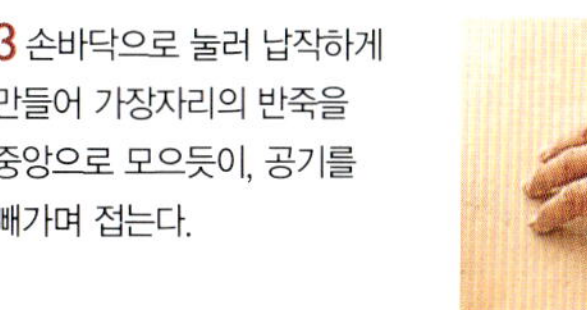

4 반죽이 매끄러워지면 뒤집어
양손으로 반죽을 돌려 가며
밑바닥으로 잡아당겨, 윗면이
매끄럽고 반죽의 조직이 치밀한
상태로 둥글게 만들어 준다.

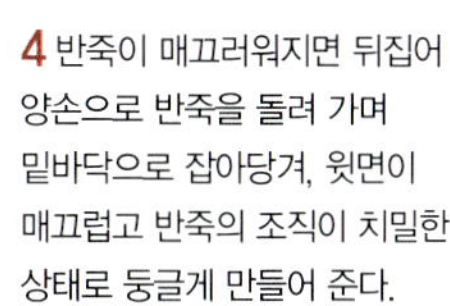

5 손바닥으로 가볍게 눌러
윗면을 평평하게 만든다.

6 거친 부분을 위로 해서,
반죽을 발효 용기에 넣고
가볍게 누른다.

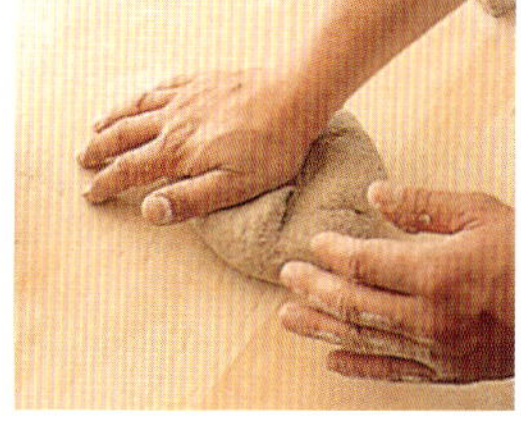

7 면보를 덮어 1시간 45분 정도
발효시킨다. 습도가 너무 높은
곳에선 용기에 반죽이 달라붙을
수 있으므로 주의한다.

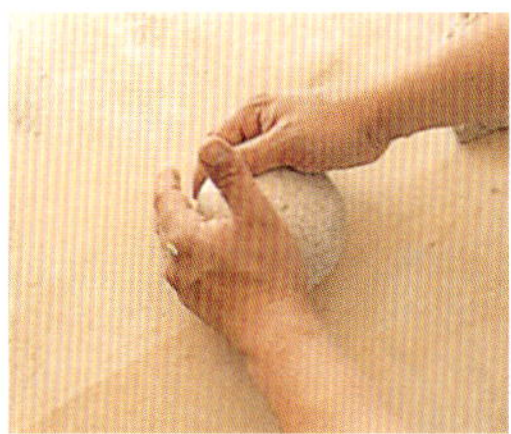

8 알맞은 발효 상태. 반죽이
2배 정도로 부풀어오르면 발효
완료. 발효 시간이 너무 길면
반죽이 꺼져 납작한 빵이
되므로 상태를 주의 깊게
관찰한다.

9 오븐 팬에 버터를 바르고,
발효 용기를 뒤집어 반죽을
조심스레 한 손 위에 꺼낸다.

10 반죽 표면이 망가지지
않도록 반죽의 밑바닥을 위로
오게 오븐 팬에 넣고, 수증기를
내둔 230℃의 오븐(15쪽 ㉝)에
40~50분간 굽는다.

호두를 넣은 호밀 빵
PAIN DE SEIGLE AUX NOIX
프랑스 남동부에서 처음 만들어진 빵. 치즈, 생굴과 잘 어울린다.

les ingrédients
pour
3 pains de 320g

matériel:
φ18×7cm의 케이크 틀 (3개)

주재료
프랑스 빵 전용 밀가루 300g
호밀 가루 50g
통밀 가루 120g
생이스트 15g
소금 10g
물 340cc
발효 반죽(11쪽) 50g
호두 100g

préparation:
순서에 들어가기 전에 팽 드
캉파뉴 만들 때와 같이 반죽을
치댄다.(14쪽 ①∼⑬)

1 반죽이 완성되기 3분쯤
전(반죽은 거의 완성되어
매끈하게 된 상태)에 잘게 부순
호두를 넣는다.

2 카드로 자르며 반죽해 호두가
골고루 섞이게 하고, 작업대에서
반죽이 떨어지지 않을 때까지
작업한다.

3 작업대 위에 여분의 밀가루를
뿌린 뒤, 반죽을 내려치고
반으로 접는 작업을 90도
방향으로 바꿔 가며 여러 번
반복해 반죽에 호두가 골고루
섞이도록 한다.

4 둥글게 만들어 볼에 넣고,
랩을 씌워 1시간 동안 발효(1차
발효)시킨다.

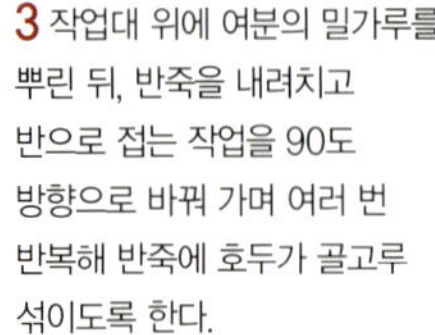

5 알맞은 발효 상태. 반죽이
2배 정도로 부풀어오르면 발효
완료.

6 320g씩 3개로 나누어
둥글린 뒤 면보를 덮어 15분간
휴지시킨다.

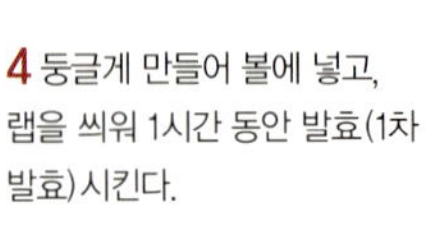

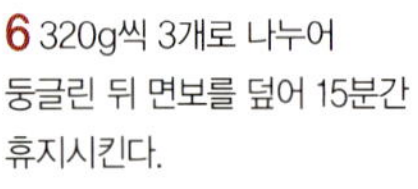

7 거친 부분을 위로 놓고
손바닥에 가볍게 밀가루를 묻혀
누르며 공기를 빼고, 한쪽의
3분의 1 정도를 접어
손바닥으로 눌러 공기를 뺀다.

8 반대쪽도 접어 같은 방법으로
공기를 뺀다. 다시 반으로 접어
이음새를 손끝으로 눌러 붙인다.

9 틀 길이보다 조금 길게
반죽을 늘여 이음새 부분을
위로 놓고, 양끝을 구부려 접어
길이 18cm로 만들어 뒤집은 후,
양손으로 반죽을 조이면서
모양을 다듬어 준다.

10 틀에 버터를 발라 반죽의
이음새가 밑으로 오게 넣는다.

11 반죽의 양은 틀의 반
정도까지. 면보를 덮어 1시간
정도 발효시킨다.

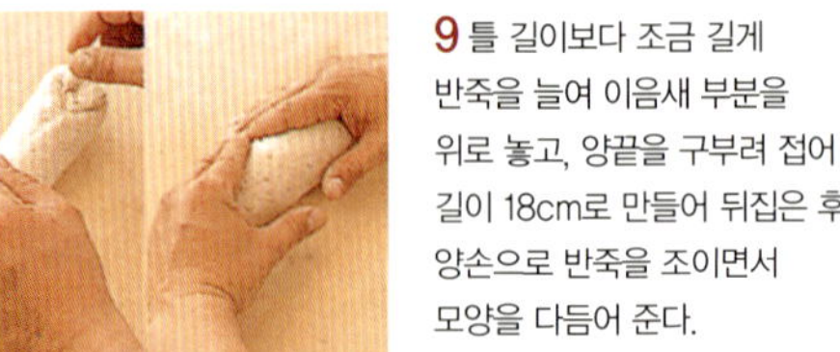

12 알맞은 발효 상태. 반죽이
2배 정도로 부풀어오르면 발효
완료. 수증기를 내둔 220℃의
오븐(15쪽 ㉝)에 40분 정도
굽는다.

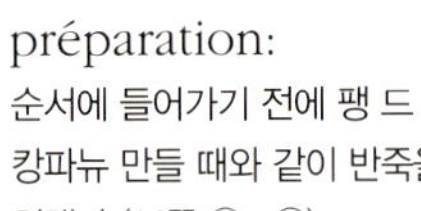

PAIN AU BACON
베이컨 빵

PAIN AUX OIGNONS
양파 빵

베이컨 빵
PAIN AU BACON

구운 베이컨의 고소함이 식욕을 돋우는 빵. 생선 요리나 치즈와 함께 즐기거나 샐러드를 곁들여도 좋다.

les ingrédients
pour
2 pains de 250g

주재료
프랑스 빵 전용 밀가루 200g
생이스트 6g
소금 4g
물 125cc
발효 반죽(11쪽) 100g
베이컨(0.5cm 크기로 깍둑썬 것)
75g

마무리 재료
달걀물 적당량

préparation:
순서에 들어가기 전에 팽 드
캄파뉴 만들 때와 같이 반죽을
5분 정도 치댄다.(14쪽 ①∼⑬)

1 반죽을 평평하게 펴고
가운데에 작게 깍둑썰기 한
베이컨을 얹는다. 한쪽의 3분의
1 정도를 접어 이음새를 눌러
준다.

2 베이컨을 싸듯이 반대쪽도
접어 손끝으로 이음새를 눌러
붙인다.

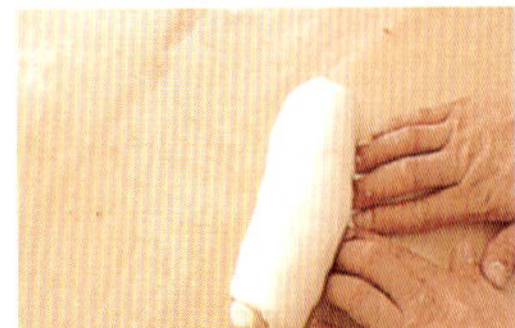

3 이음새를 밑으로 놓고 ②의
양끝을 아래쪽으로 접어 둥글게
만든다.

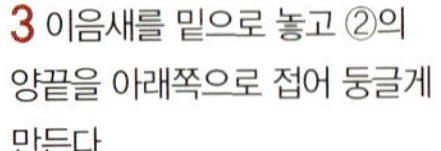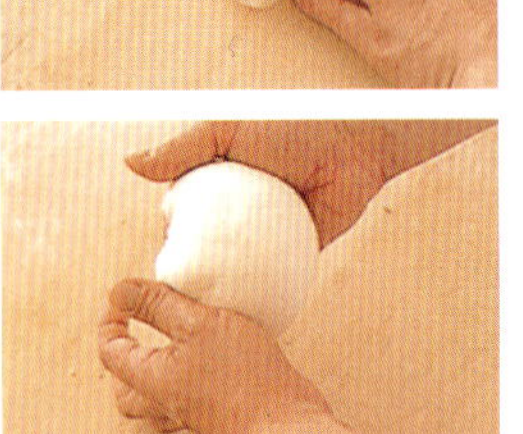

4 작업대에 반죽을 내려치고,
그 반동으로 공기가 들어갈 수
있도록 반으로 접어(90도씩
방향을 바꿔 가며 반복한다),
반죽이 매끄럽고 탄력 있는
상태가 될 때까지 3∼4분간
치댄다.

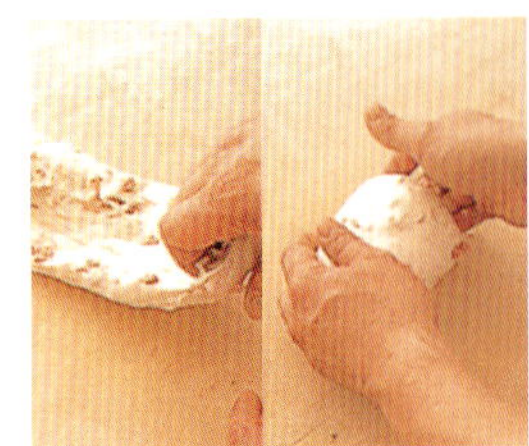

5 거친 부분을 밑으로 오게
놓고, 양손으로 돌려 가며
반죽을 밑바닥으로 잡아당겨
둥글게 다듬어 준다.

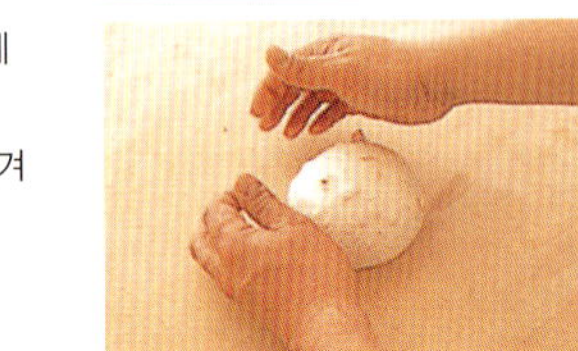

6 볼에 넣고 랩을 씌워 1시간
발효(1차 발효)시킨다.

7 알맞은 발효 상태. 반죽이
2배 정도로 부풀어오르면 발효
완료.

8 작업대 위에 여분의 가루를
뿌리고 카드로 반죽을 볼에서
꺼낸다. 250g씩 나눠 둥글게
만든 뒤 면보를 덮어 15분간
휴지시킨다. 거친 부분을 위로
오게 놓고, 손바닥으로 눌러
공기를 뺀다.

9 한쪽의 3분의 1을 접어
손바닥으로 눌러 공기를 빼고,
반대쪽도 접어 같은 방식으로
작업한다. 다시 반으로 접어
이음새를 눌러 붙여 밑으로
오게 놓고, 양손으로 가늘게
늘여 28cm 길이로 성형한다.

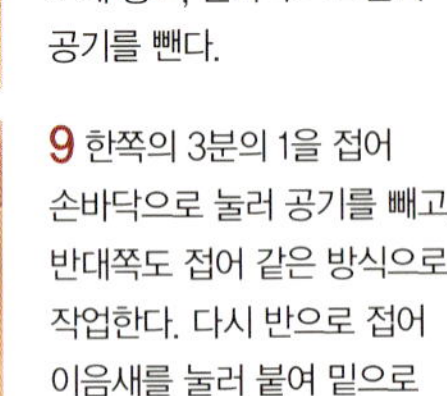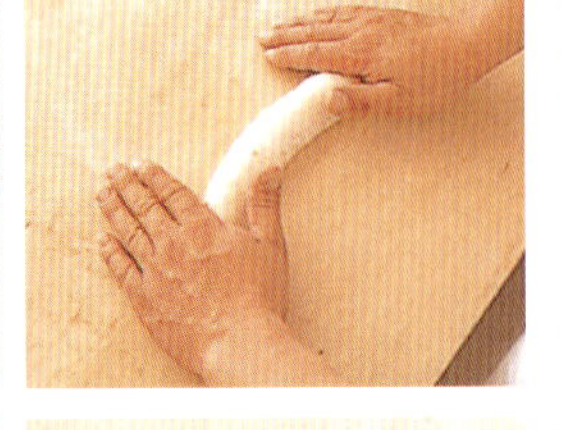

10 버터를 바른 오븐 팬에
놓는다.

11 윗면에 달걀물을 바르고
칼날을 세워 촘촘하고 비스듬히
칼집을 넣는다.

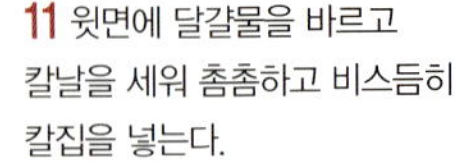

12 반죽에 닿지 않도록 덮개를
씌워 1시간 30분 정도
발효시킨다. 수증기를 내둔
220°C의 오븐(15쪽 ㉝)에 25분
정도 굽는다.

양파 빵
PAIN AUX OIGNONS

수프나 샐러드에 어울리는 빵으로, 안에 넣는 양파는 날것 그대로도 좋고 볶거나 튀겨도 상관없다. 많은 사람들이 즐기는 빵이다.

les ingrédients
pour
2 pains de 300g

주재료
프랑스 빵 전용 밀가루 300g
생이스트 6g
소금 9g
물 180cc
발효 반죽(11쪽) 80g
양파(잘게 채썬 것) 80g

préparation:
순서에 들어가기 전에 팽 드
캉파뉴 만들 때와 같이 반죽을
5~6분 정도 치댄다.(14쪽
①~⑬)

1 반죽을 평평하게 펴고
가운데에 잘게 채썬 양파를
듬뿍 얹어 눌러 놓는다.

2 사방을 3분의 1 정도씩
양파를 감싸듯 접어 둥글게
만들어 준다.

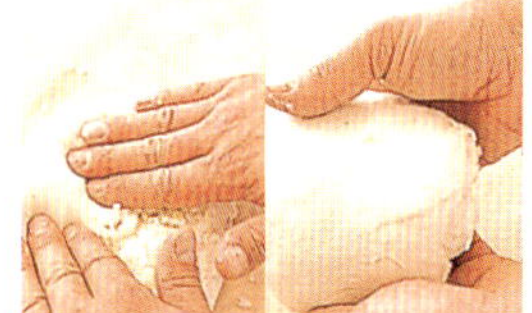
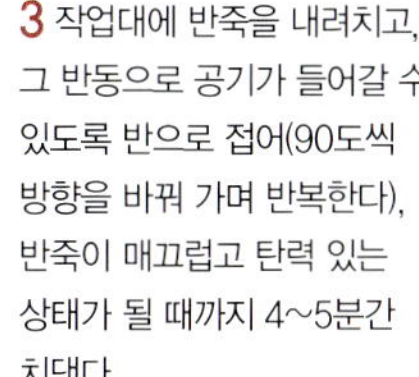

3 작업대에 반죽을 내려치고,
그 반동으로 공기가 들어갈 수
있도록 반으로 접어(90도씩
방향을 바꿔 가며 반복한다),
반죽이 매끄럽고 탄력 있는
상태가 될 때까지 4~5분간
치댄다.

4 양파의 수분 때문에 반죽이
끈적끈적해지므로, 손에 너무
달라붙으면 밀가루를 뿌린다.
거친 부분을 밑으로 오게 놓고
반죽을 조여 둥글게 다듬어
준다.

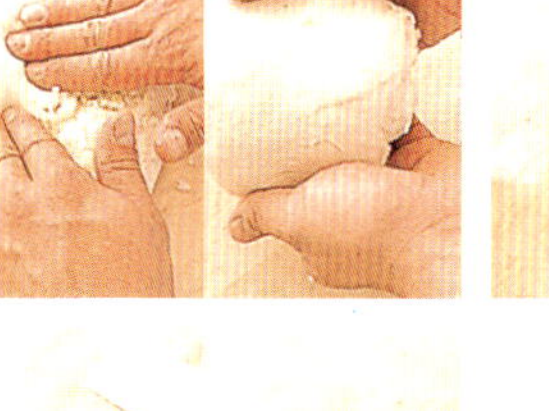

5 볼에 넣고 랩을 씌워 45분간
발효시킨다.

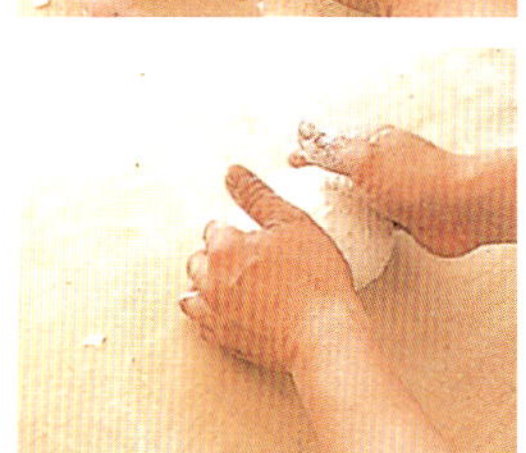

6 알맞은 발효 상태. 반죽이
2배 정도로 부풀어오르면 1차
발효 완료.

7 작업대에 여분의 밀가루를
뿌리고, ⑥의 반죽을 카드로
볼에서 꺼내 놓는다. 300g씩
2개로 나눠 단단하게 둥글린
다음 면보를 덮어 15분간
휴지시킨다.

8 반죽에 밀가루를 뿌리고,
한쪽 손바닥에도 가볍게
밀가루를 묻혀 손으로 누르며
공기를 뺀다.

9 ③과 마찬가지로 치대어,
④와 같이 반죽의 조직을
치밀하게 하며 둥글게 성형한다.
반죽이 흘러내리기 쉬우므로
단단히 조여 준다.

10 버터를 바른 오븐 팬에 거친
부분을 밑으로 해서 놓는다.

11 칼로 잎사귀 모양의 칼집을
넣는다. 반죽에 닿지 않도록
덮개를 씌워 1시간 15분~1시간
30분 정도 발효시킨다.

12 알맞은 발효 상태. 반죽이
2배 정도로 부풀어오르면 발효
완료. 수증기를 내둔 220℃의
오븐(15쪽 ㉝)에 25분 정도
굽는다.

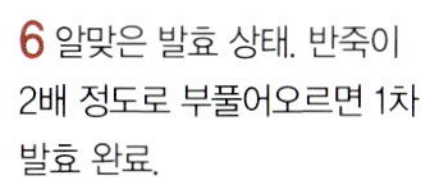

올리브 빵
PAIN AUX OLIVES

올리브가 많이 나는 프랑스 남동부 지역은 요리에 올리브를 많이 넣는다. 이 빵 역시 프랑스 남동부 지역에서 자주 즐기며, 치즈와도 잘 어울린다.

les ingrédients
pour
2 pains de 230g

주재료

프랑스 빵 전용 밀가루 200g
호밀 가루 30g
생이스트 6g
소금 6g
물 130cc
올리브 오일 50cc
블랙 올리브(잘게 썬 것) 45g

préparation:
순서에 들어가기 전에 팽 드 캉파뉴 만들 때와 같이 반죽을 5분 정도 치대는데, 물을 넣을 때 올리브 오일도 함께 넣는다.(14쪽 ①〜⑬)

1 반죽을 평평하게 펴고 가운데에 잘게 썬 올리브를 얹어 카드로 잘라 가며 반죽한다. 올리브를 반죽 속에 골고루 섞은 후 하나로 뭉쳐 놓는다.

2 작업대에 반죽을 내려치고, 둥글게 뭉쳐(90도씩 방향을 바꿔 가며 반복한다), 반죽이 매끄럽고 탄력 있는 상태가 될 때까지 5분 정도 치댄다.

3 표면이 매끈해지면 둥글게 만들어 볼에 넣고, 랩을 씌워 35분간 발효시킨다.

4 알맞은 발효 상태. 반죽이 2배 정도로 부풀어오르면 발효 완료.

5 230g씩 둘로 나누고 각각 표면이 매끈해질 때까지 반죽해 둥글게 뭉친 후, 면보를 덮어 10분간 휴지시킨다. 거친 면을 위로 오게 놓고 손바닥으로 눌러 공기를 뺀다.

6 한쪽의 3분의 1을 접어 손바닥으로 눌러 공기를 빼고, 반대쪽도 접어 같은 방법으로 공기를 뺀다. 다시 반으로 접어 이음새를 눌러 붙여 밑으로 오게 놓고 반죽 중앙에 양손을 겹쳐 놓는다.

7 반죽을 단단히 눌러 조이면서 좌우로 넓혀 45cm 정도의 긴 막대 모양으로 만든다. 양끝을 약간 가늘게 해서 반으로 자른다.

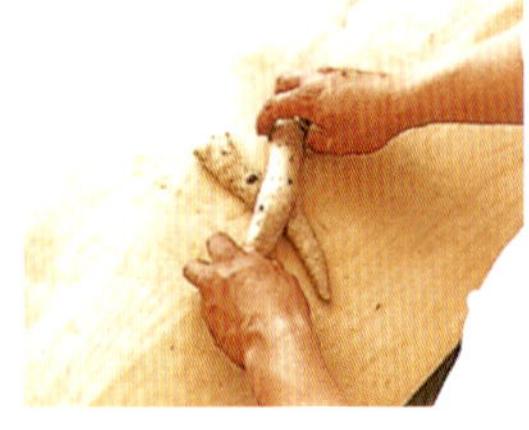
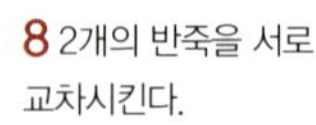

8 2개의 반죽을 서로 교차시킨다.

9 밑의 반죽 끝을 잡고 위의 반죽에 꼬아 준다. 반죽을 잡은 오른손은 아래로 왼손은 위로 움직여 작업한다.

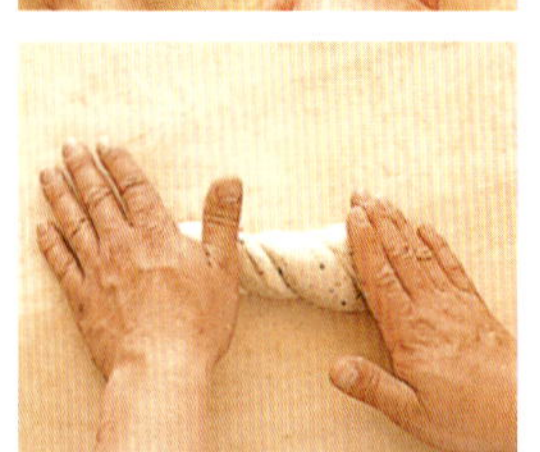
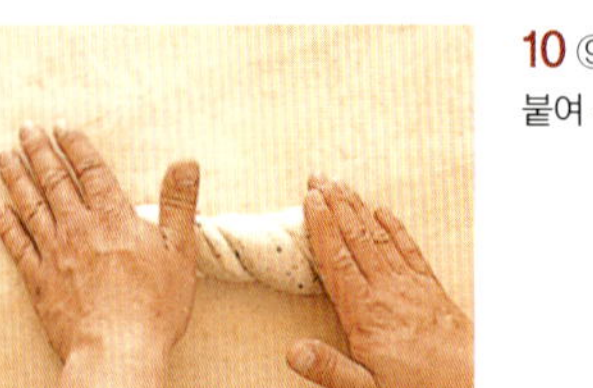

10 ⑨의 양끝을 매끈하게 이어 붙여 준다.

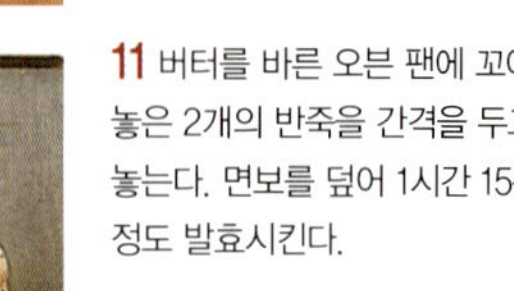

11 버터를 바른 오븐 팬에 꼬아 놓은 2개의 반죽을 간격을 두고 놓는다. 면보를 덮어 1시간 15분 정도 발효시킨다.

12 알맞은 발효 상태. 반죽이 2배 정도로 부풀어오르면 발효 완료. 수증기를 내둔 220℃의 오븐(15쪽 ㉝)에 30분 정도 굽는다.

PAIN AUX CÉRÉALES
곡물 빵

PAIN À L'ORGE
보리 빵

곡물 빵
PAIN AUX CÉRÉALES

이 빵은 독일에서 건너온 것으로 식이요법을 하는 이들에게 권하고 싶다. 오래 보관할 수 있는 것도 큰 장점.

les ingrédients
pour
2 pains de 315g

matériel:
ɸ 19×10cm의 식빵 틀 (2개)

주재료

프랑스 빵 전용 밀가루 250g
호밀 가루 100g
오트밀 20g
삼(麻) 열매 15g
생이스트 8g
소금 8g
물 150cc
우유 80cc

마무리 재료

오트밀 또는 흰깨 적당량

préparation:

순서에 들어가기 전, 프랑스 빵
전용 밀가루·호밀 가루·오트밀
·삼(麻) 열매를 함께 넣고 팽 드
캉파뉴 만들 때와 같이 반죽을
치대는데, 물을 넣을 때 우유도
함께 넣고 반죽하여 45분간
발효시킨다. (14쪽 ①~⑮)

commentaires:

삼(麻) 열매 대신 해바라기 씨나
깨 등을 사용해도 좋다. 삼 열매는
약간 빻아 넣는 것이 먹기 편하다.

1 알맞은 발효 상태. 작업대
위에 여분의 밀가루를 뿌리고
카드로 볼에서 반죽을 꺼낸다.

2 315g씩 2개로 나눈다. 각각
가장자리의 반죽을 중앙으로
모으듯이 접어 공기를 뺀 후,
가볍게 둥글려 준다.

3 면보를 덮어 15분 정도
휴지시킨다.

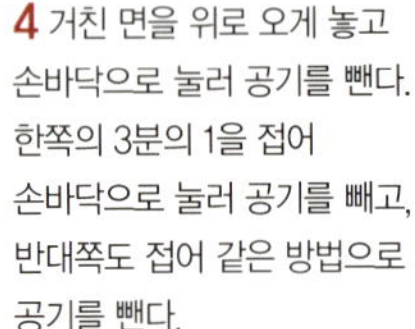

4 거친 면을 위로 오게 놓고
손바닥으로 눌러 공기를 뺀다.
한쪽의 3분의 1을 접어
손바닥으로 눌러 공기를 빼고,
반대쪽도 접어 같은 방법으로
공기를 뺀다.

5 다시 반으로 접어 이음새를
손끝으로 눌러 붙이고, 이음새를
밑으로 놓는다. 반죽 중앙에
양손을 겹쳐 놓고 가볍게 눌러
반죽을 늘이며, 좌우로 넓혀
준다.

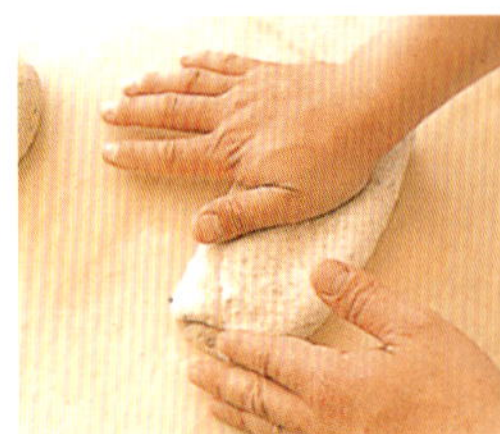

6 길이를 26cm 정도로 늘이고,
양끝을 약간 가늘게 만든 후
이음새 부분을 위로 놓고
양끝을 접어 준다.

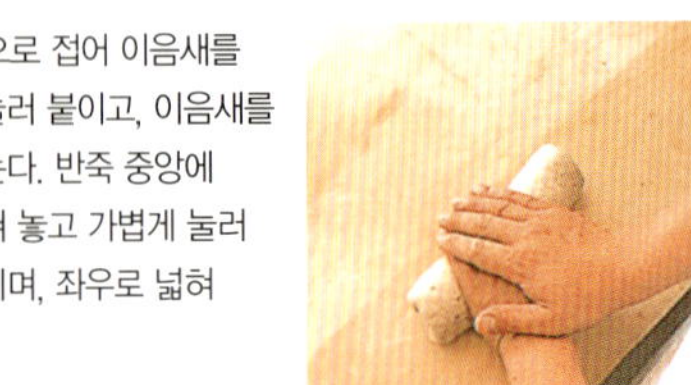

7 ⑥을 뒤집어 반죽을 길이
20cm의 원통형으로 만든다.

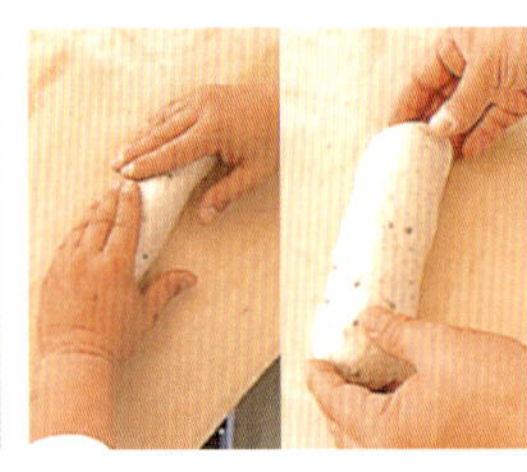

8 틀에 버터를 바른다.

9 ⑦의 이음새 부분을 밑으로
놓고, ⑧의 틀에 넣어 가볍게
눌러 준다.

10 표면이 마르지 않도록
면보를 덮어 1시간 15분~1시간
30분 정도 발효시킨다.

11 알맞은 발효 상태. 반죽이
2배 정도로 부풀어오르면 발효
완료. 붓으로 표면에 물을
바른다.

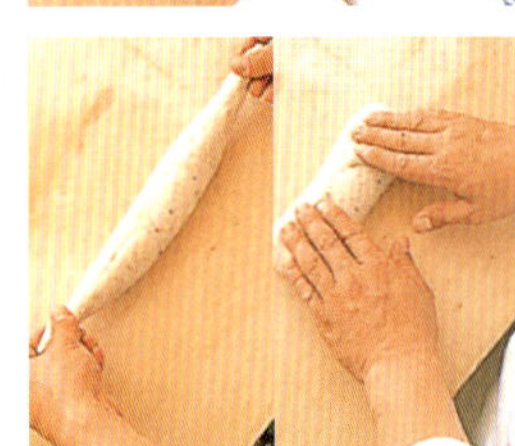

12 오트밀을 표면에 뿌리고,
수증기를 내둔 220℃의
오븐(15쪽 ㉝)에 30분 정도
굽는다.

보리 빵
PAIN À L'ORGE

그리스에서 예로부터 전해 내려오는 것으로, 고대 로마에서는 노예를 위해 만들어졌다고 하는 빵이기도 하다.

les ingrédients
pour
2 pains de 290g

주재료
프랑스 빵 전용 밀가루 100g
보릿가루 150g
통밀 가루 50g
생이스트 12g
소금 6g
생크림 15cc
물 250cc

마무리 재료
오트밀 적당량

préparation:
순서에 들어가기 전에 팽 드 캉파뉴 만들 때와 같이 반죽을 치대는데, 물을 넣을 때 생크림도 함께 넣고 반죽해 1시간 15분 동안 발효시킨다. (14쪽 ①~⑮)

1 작업대에 여분의 밀가루를 뿌리고, 카드로 볼에서 반죽을 꺼낸다. 290g씩 2개로 나눠 각각 손바닥으로 눌러 공기를 빼고, 가장자리의 반죽을 중앙으로 접어 뭉쳐 놓는다.

2 양손으로 돌려 가며 반죽을 조여 둥글게 만든다.

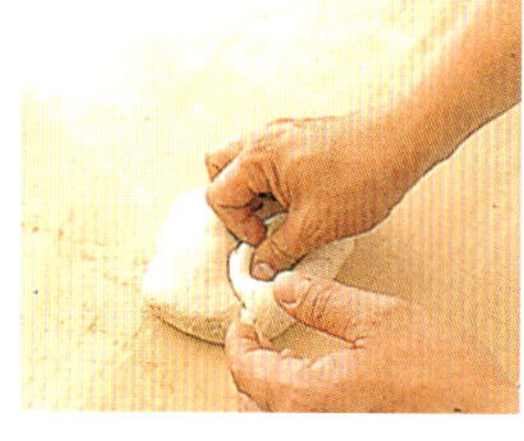

3 면보를 덮어 15분 정도 휴지시킨다.

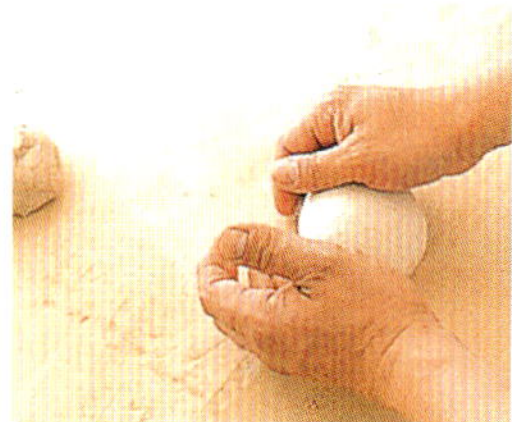

4 거친 면을 위로 오게 놓고 손바닥으로 눌러 공기를 뺀 후, 가장자리의 반죽을 중앙으로 접어 둥글게 성형한다.

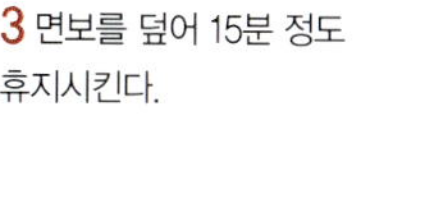

5 손바닥으로 가볍게 눌러 준다.

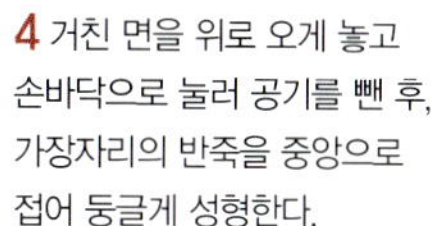
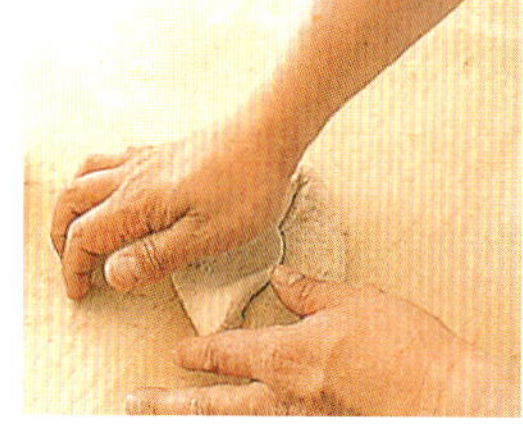

6 ⑤의 표면에 붓으로 물을 바른다.

7 바트에 오트밀을 깔고, ⑥의 윗면에 오트밀이 묻도록 반죽을 놓고 살짝 눌러 준다.

8 구울 때, 오트밀이 떨어지지 않도록 반죽에 완전히 밀착시킨다.

9 버터를 바른 오븐 팬에 놓고, 다시 손바닥으로 가볍게 누른다. 표면이 마르지 않도록 면보를 덮어 1시간 35분 동안 발효시킨다.

10 알맞은 발효 상태. 반죽이 2배 정도로 부풀어오르면 발효 완료. 수증기를 내둔 210℃의 오븐(15쪽 ㉝)에 30분 정도 굽는다.

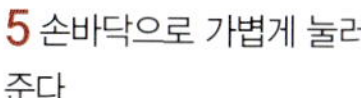
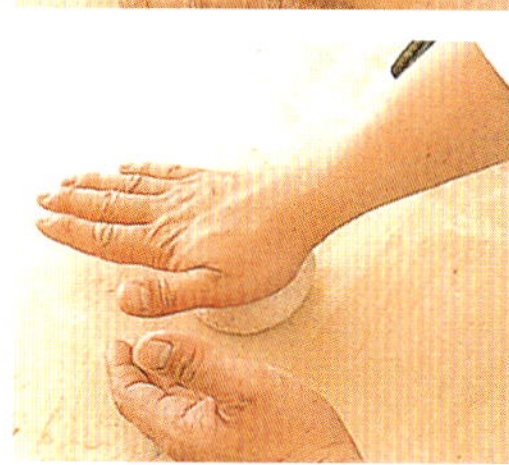

디에프의 빵
PAIN DE DIEPPE

이 빵의 이름은 프랑스 노르망디 지방의 항구 도시 이름에서 유래했다. 껍질이 두꺼워 오래 보관할 수 있으며 매우 부드러운 빵이다.

les ingrédients
pour
1 pain de 510g

주재료
프랑스 빵 전용 밀가루 200g
생이스트 5g
소금 4g
설탕 4g
물 110cc
버터 40g
발효 반죽(11쪽) 150g

마무리 재료
달걀물 적당량

préparation:
순서에 들어가기 전에 팽 드 캉파뉴 만들 때와 같이 반죽을 치대는데, 소금을 넣을 때 설탕도 함께 넣고, 발효 반죽을 넣을 때에는 버터도 넣고 반죽해 40분간 발효시킨다. (14쪽 ①~⑮)

1 작업대에 여분의 밀가루를 뿌리고, 카드로 볼에서 반죽을 꺼낸다. 손바닥으로 눌러 완전히 공기를 뺀다.

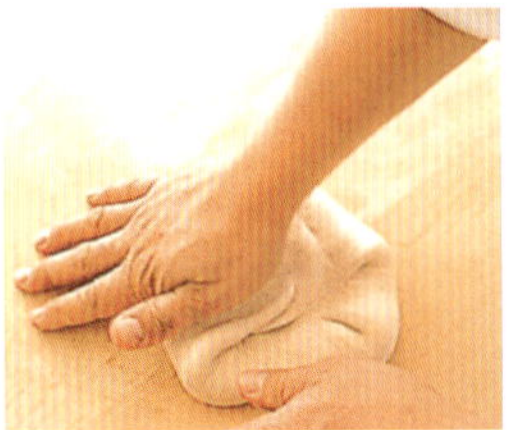

2 가장자리의 반죽을 중앙으로 접어 준다.

3 작업대에 반죽을 치고, 그 반동으로 공기가 들어갈 수 있도록 반으로 접는다.

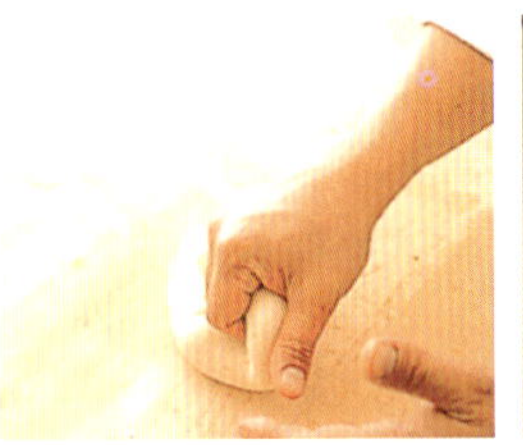

4 반죽을 90도씩 방향을 바꿔 가며, ③과 마찬가지로 작업대에 내려치고 반으로 접는 작업을 여러 번 반복해 표면을 매끄럽게 만든다.

5 반죽이 매끈해지면 둥글게 만들어, 양손으로 돌려 가며 반죽을 조여 준다.

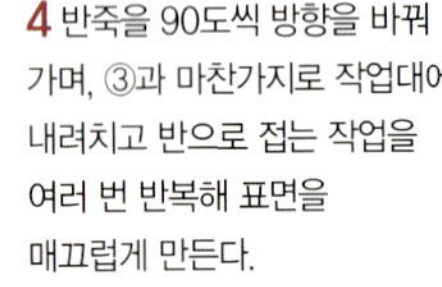

6 윗면을 손가락으로 눌러 반죽의 강도를 확인한다. 잘된 반죽은 손가락을 되미는 느낌이 든다.

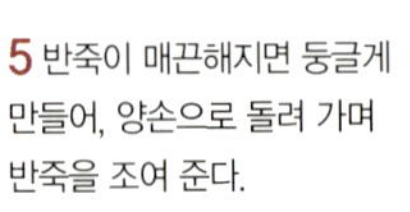

7 버터를 바른 오븐 팬에 반죽을 놓고 붓으로 달걀물을 바른다.

8 칼로 중심에서 바깥쪽으로 곡선을 그리며, 촘촘히 칼집을 넣는다.

9 반죽에 닿지 않도록 덮개를 씌워 1시간 30분 동안 발효시킨다.

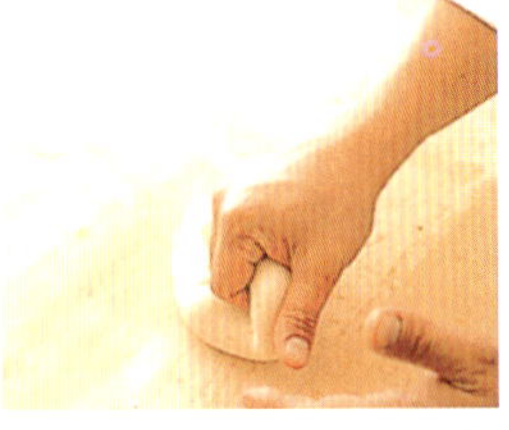

10 알맞은 발효 상태. 반죽이 2배 정도로 부풀어오르면 발효 완료. 수증기를 내둔 220℃의 오븐(15쪽 ㉝)에 30분 정도 굽는다.

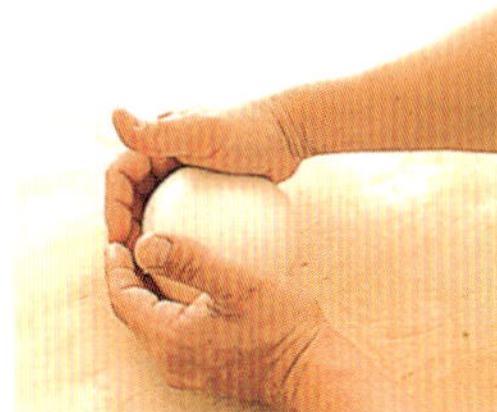

CIABATTA
치아바타

PAIN CHALLAH
팽 샬라

치아바타
CIABATTA

이 빵이 처음 만들어진 나라는 이탈리아로, 특유의 올리브 맛이 일품이어서 프랑스 남부에서도 즐겨 먹고 있다.
성형하지 않으므로 매우 간단하다.

les ingrédients
pour
1 pain de 640g

주재료

프랑스 빵 전용 밀가루 230g
통밀 가루 20g
생이스트 10g
소금 5g
물 130cc
우유 30cc
발효 반죽(11쪽) 200g
올리브 오일 1½ 큰술

préparation:
순서에 들어가기 전에 팽 드
캉파뉴 만들 때와 같이 반죽을
치대는데, 물을 넣을 때 우유도
함께 넣고 7~8분간 반죽한 뒤,
올리브 오일을 넣고 다시
2~3분간 반죽해 2시간
발효시킨다.
(14쪽 ①~⑮)

1 작업대에 여분의 밀가루를
충분히 뿌린다.

2 카드로 볼에서 반죽을 꺼내,
작업대 위에 놓고 그 위에
밀가루를 뿌린다.

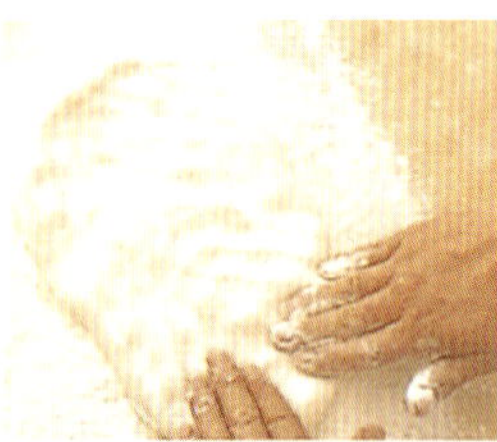

3 손바닥으로 눌러 완전히
공기를 뺀다. 그대로 성형하지
않는다.

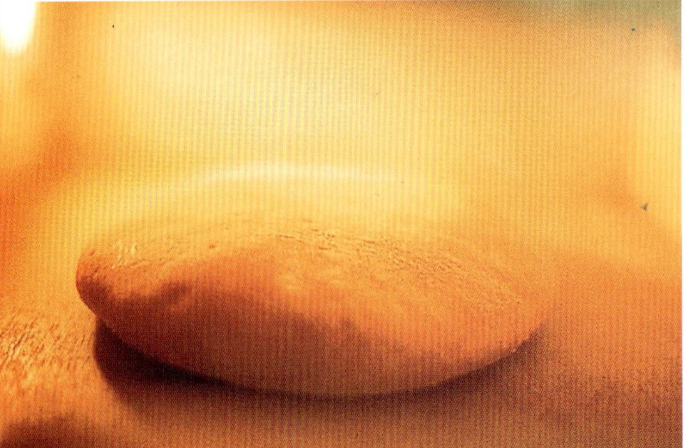

4 오븐 팬에 밀가루를 듬뿍
뿌린다.

5 반죽을 오븐 팬에 놓는다.

6 반죽 위에 다시 밀가루를
뿌린다. 표면이 마르지 않도록
면보를 덮어 45분간
발효시킨다.

7 알맞은 발효 상태. 반죽이 2배
정도로 부풀어오르면 발효 완료.
수증기를 내둔 230℃의
오븐(15쪽 ㉝)에 30분 정도
굽는다.

팽 샬라
PAIN CHALLAH

이 빵은 중동에서는 종교적인 의미를 갖고 있다. 칼로리가 높으므로 하루의 힘든 노동을 마친 후에 제격이다.

les ingrédients
pour
1 pain de 440g

주재료

프랑스 빵 전용 밀가루 200g
통밀 가루 50g
생이스트 10g
소금 4g
물 90cc
달걀 1개
벌꿀 5g
버터 35g

마무리 재료

달걀물 적당량
검은깨 적당량

préparation:
순서에 들어가기 전에 팽 드
캄파뉴 만들 때와 같이 반죽을
치대는데, 물을 넣을 때
달걀·벌꿀도 함께 넣고 8분간
반죽해, 버터를 넣고 다시 3분간
반죽한 뒤 30분간
발효시킨다. (14쪽 ①～⑮)

1 작업대에 여분의 밀가루를
뿌리고, 카드로 볼에서 반죽을
꺼낸다. 손바닥으로 눌러
공기를 빼고, 가장자리의
반죽을 중앙으로 접어 준다.

2 반죽이 너무 단단해지지
않도록 양손으로 둥글린다.

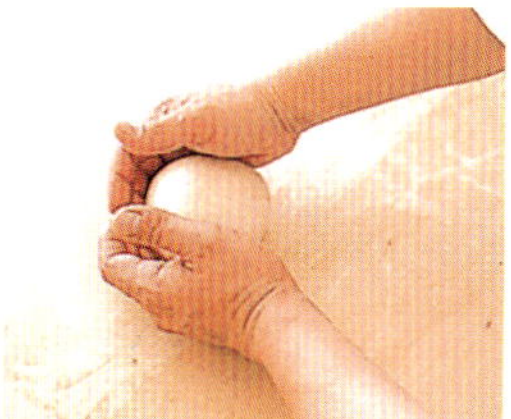

3 면보를 덮어 15～20분간
휴지시킨다. 거친 면을 위로
오게 놓고 손바닥으로 눌러
공기를 뺀다. 한쪽의 3분의 1을
접어 마찬가지로 공기를 빼고,
반대쪽도 접어 같은 방법으로
공기를 뺀다.

4 다시 반으로 접어 이음새를
꾹꾹 눌러 붙여 뒤집어 놓고,
중앙에 양손을 겹쳐 놓은 다음,
누르면서 반죽을 조여 준다.

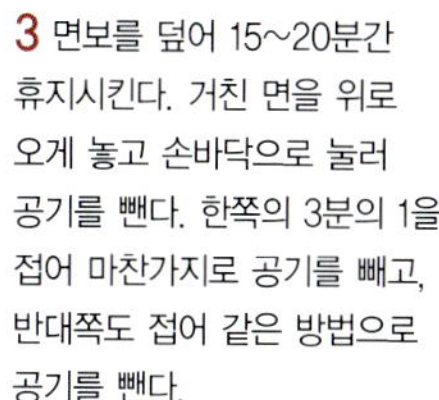

5 반죽을 좌우로 넓혀 가며
조금씩 늘인다.

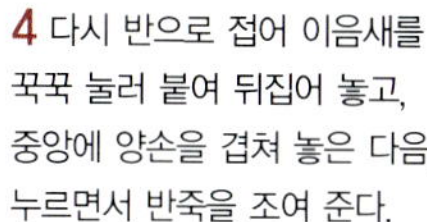

6 다시 중심에서 반죽을 굴려
60cm 정도의 길이로 늘여
준다.

7 한 손을 상하로 움직여
반죽의 한쪽 끝을 가늘게
만들어 준다.

8 굵은 쪽부터 소용돌이
모양으로 말아 준다.

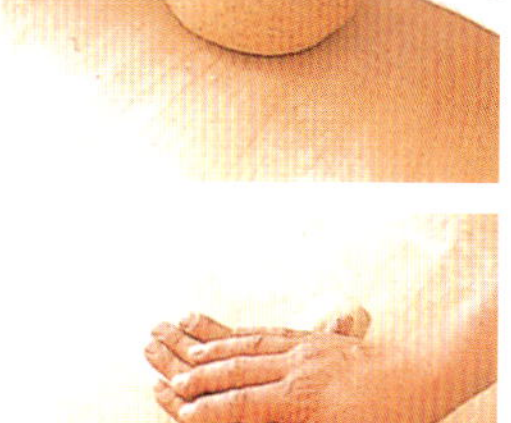

9 버터를 바른 오븐 팬에
넣는다. 말아 놓은 반죽의 끝은
약간 띄어 둔다.

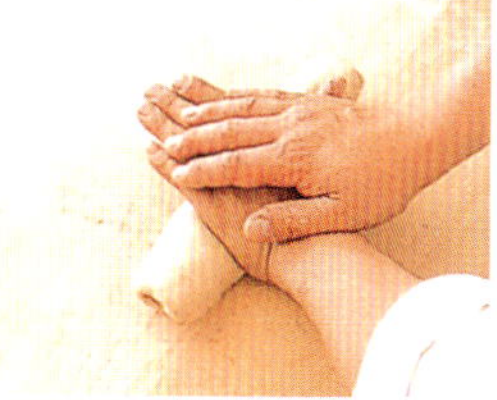

10 붓으로 달걀물을 바르고
반죽 위에 검은깨를 뿌린다.

11 반죽에 닿지 않도록 덮개를
씌워 1시간 15분 정도
발효시킨다.

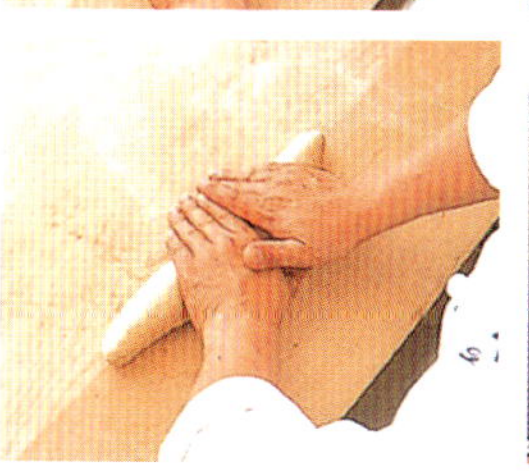

12 알맞은 발효 상태. 반죽이
2배 정도로 부풀어오르면 발효
완료. 수증기를 내둔 210℃의
오븐(15쪽 ㉝)에 25분 정도
굽는다

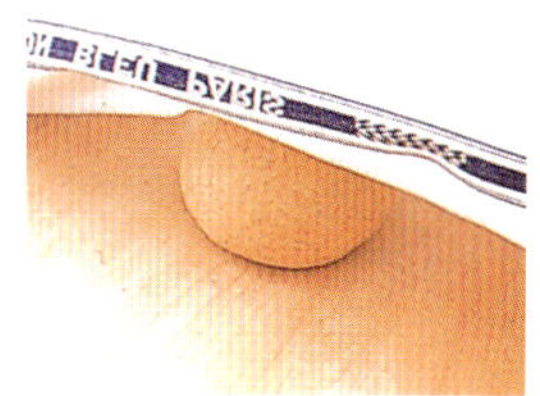

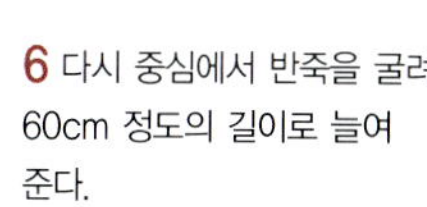

감자 빵
PAIN À LA POMME DE TERRE
단맛의 빵으로, 프랑스에 전해진 역사는 그리 길지 않지만, 처음 생산지인 스페인에서는 60여 년 전부터 만들어 왔다.

les ingrédients
pour
2 pains de 310g

주재료

감자(삶은 것) 200g
프랑스 빵 전용 밀가루 190g
통밀 가루 10g
생이스트 12g
소금 4g
슈거 파우더 60g
우유 70cc
달걀 1개
버터 25g

마무리 재료

프로마주 블랑(없으면 플레인
요구르트) 적당량

préparation:
순서에 들어가기 전에 팽 드
캉파뉴 만들 때와 같이 반죽을
치대는데, 가루(프랑스 빵 전용
밀가루와 통밀 가루를 섞은 것)와
①의 감자 · 슈거 파우더를
넣는다. 물 대신 우유 · 달걀을
넣어 6분 정도 반죽하고, 버터를
넣고 다시 4분간 반죽한 후,
1시간 15분 동안 발효시킨다.
(14쪽 ①～⑮)

commentaires:
단맛의 반죽에, 표면에 바른
프로마주 블랑의 가벼운 신맛이
감칠맛을 더해 준다. 프레시
타입의 치즈나 플레인 요구르트를
사용해도 된다.

1 감자는 껍질을 벗기고 삶아
식기 전에 포크로 잘게 부숴
식혀 둔다. 그 다음
프레파라시옹(préparation)의
순서대로 반죽을 만든다.

2 작업대에 여분의 밀가루를
뿌리고, 카드로 볼에서 반죽을
꺼낸다. 310g씩 2개로 나눠
각각 손바닥으로 눌러 평평하게
만든다.

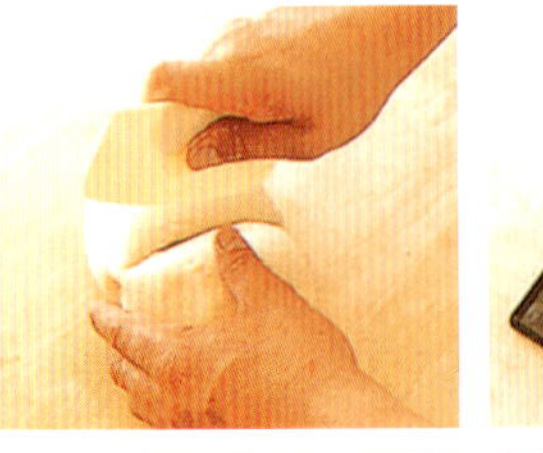

3 반죽의 가장자리를 중앙으로
접는다.

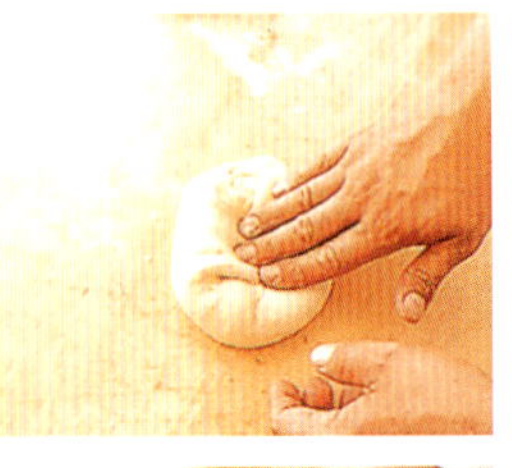
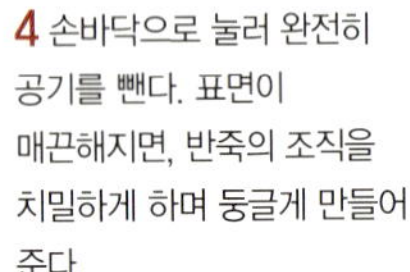

4 손바닥으로 눌러 완전히
공기를 뺀다. 표면이
매끈해지면, 반죽의 조직을
치밀하게 하며 둥글게 만들어
준다.

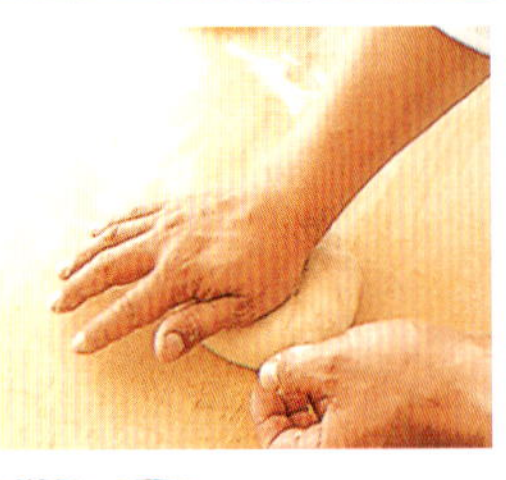

5 면보를 덮어 15분간
휴지시킨다.

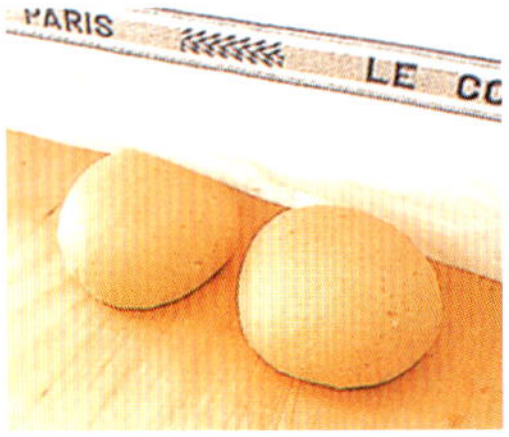

6 반죽의 거친 면을 위로 놓고,
손바닥으로 눌러 공기를 빼면서,
③과 같이 가장자리의 반죽을
중앙으로 접어 둥글게 만든다.

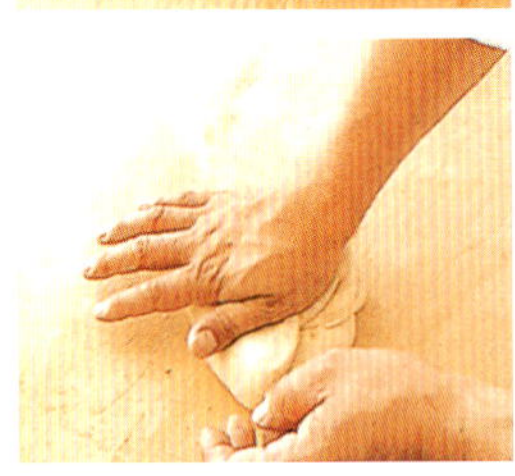

7 양손으로 반죽을 조여 가며
둥글게 성형한다.

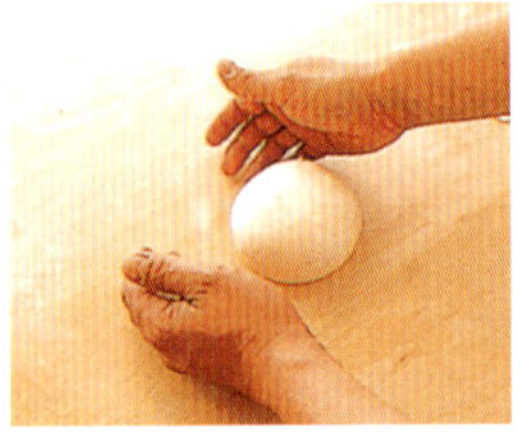

8 버터를 바른 오븐 팬에 넣고
밀대로 가볍게 밀어 준다.

9 반죽 가장자리에 빙 둘러
칼집을 넣는다.

10 붓으로 윗면에 프로마주
블랑을 바른다. 없으면 플레인
요구르트로 대신한다.

11 표면이 마르지 않도록
반죽에 닿지 않게 덮개를 씌워
1시간 15분～1시간 30분 동안
발효시킨다.

12 알맞은 발효 상태. 반죽이
2배 정도로 부풀어오르면 발효
완료, 수증기를 내둔 210℃의
오븐(15쪽 ㉝)에 25분 정도
굽는다.

PAIN AU MAÏS
옥수수가루를 넣은 빵

PAIN AU GLUTEN
글루텐 빵

옥수수가루를 넣은 빵
PAIN AU MAÏS

이 빵은 연질 밀이 적은 프랑스 북부에서 처음 만들어졌다. 고칼로리 요리에 곁들이거나 아침 식사에 토스트해서 즐긴다.

les ingrédients
pour
3 pains de 280g

주재료
프랑스 빵 전용 밀가루 350g
옥수수 가루 150g
생이스트 12g
소금 11g
물 300cc
버터 30g

마무리 재료
달걀물 적당량
흰깨 적당량

préparation:
순서에 들어가기 전에 팽 드 캉파뉴 만들 때와 같이 반죽을 치댄다. 반죽이 완성되면 버터를 넣고 다시 10분간 반죽한 후, 45분 동안 발효시킨다.
(14쪽 ①~⑮)

1 작업대에 여분의 밀가루를 뿌리고, 카드로 볼에서 반죽을 꺼낸다. 280g씩 3개로 나눠 각각 손바닥으로 눌러 공기를 빼고, 반죽을 접어 뭉쳐 놓는다.

2 양손으로 반죽을 돌려 가며 가볍게 조여 둥글게 만든다.

3 면보를 덮어 15분간 휴지시킨다.

4 반죽의 거친 면을 위로 놓고, 손바닥으로 눌러 공기를 뺀 다음, 한쪽의 3분의 1 정도를 접어 이음새를 손끝으로 눌러 붙이고 손바닥으로 눌러 공기를 뺀다. 반대쪽도 접어 같은 방법으로 공기를 뺀다.

5 다시 반으로 접어 이음새를 단단히 눌러 붙이고, 이음새 부분을 밑으로 놓는다. 중앙에 양손을 겹쳐 올려놓고, 반죽을 눌러 조여 준다.

6 가볍게 누르며, 좌우로 반죽을 넓혀 늘여 준다.

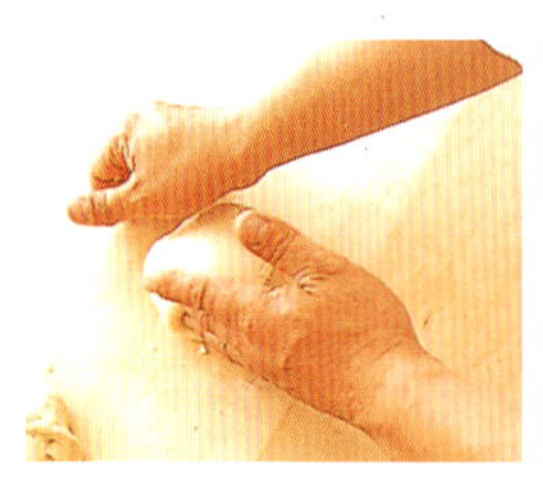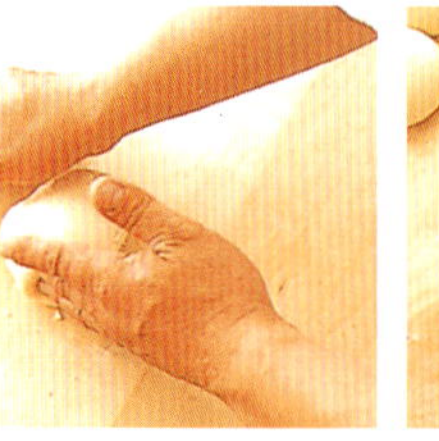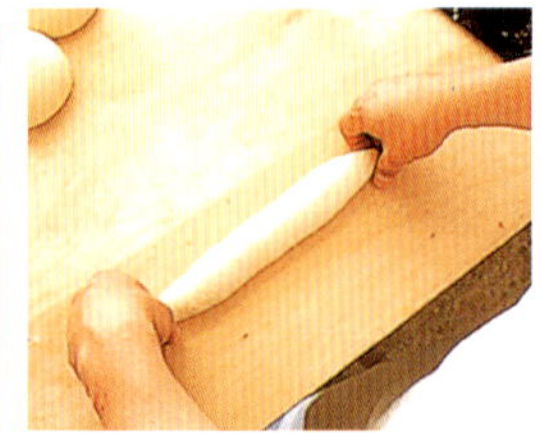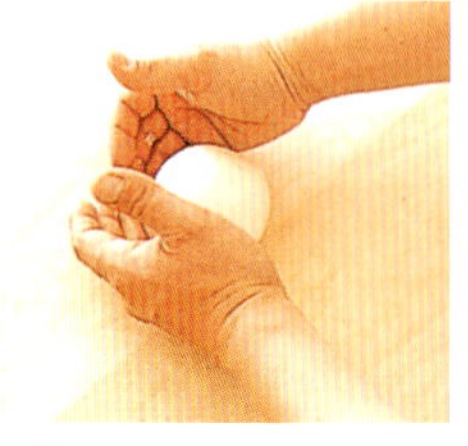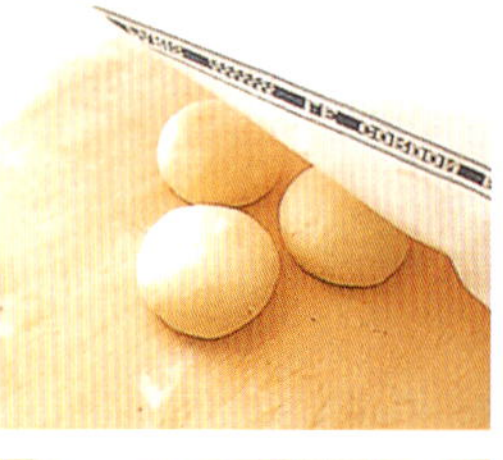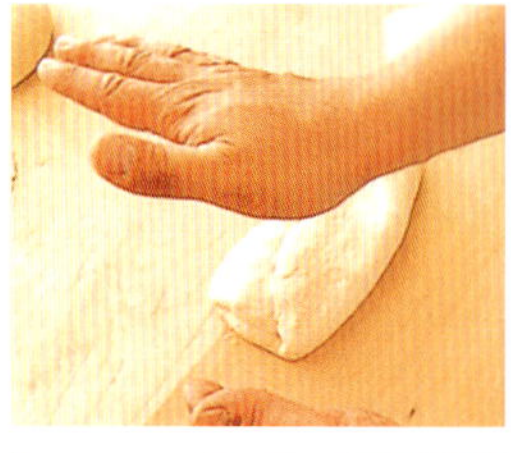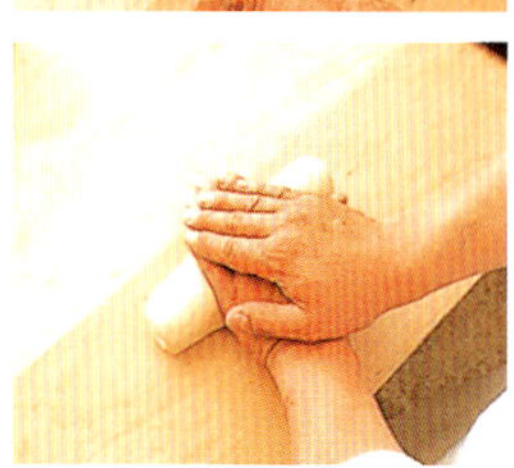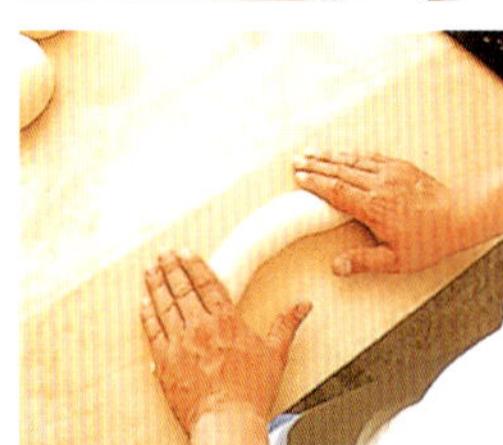

7 반죽을 25cm 길이로 만들고, 양끝은 약간 가늘게 한다.

8 이음새를 밑으로 놓고, 버터를 바른 오븐 팬에 놓는다.

9 표면에 달걀물을 바른다. 표면이 마르지 않도록 반죽에 닿지 않게 덮개를 씌워 1시간 15분 정도 발효시킨다.

10 알맞은 발효 상태. 반죽이 2배 정도로 부풀어오르면 발효 완료. 다시 달걀물을 바르고 깨를 뿌린다.

11 가위에 달걀물을 묻혀 반죽 윗면에 X자로 가위집을 넣는다. 220℃의 오븐에 30분 정도 굽는다.

글루텐 빵
PAIN AU GLUTEN

10여 년 전 일 드 프랑스에서 만들기 시작했다. 양질의 단백질을 다량 함유하고 있어 건강식으로도 그만!

les ingrédients
pour
3 pains de 300g

matériel:
ɸ 18×7cm의 케이크 틀 (3개)

주재료
프랑스 빵 전용 밀가루 400g
글루텐 가루 100g
생이스트 15g
소금 10g
물 380cc

préparation:
순서에 들어가기 전에 팽 드 캉파뉴 만들 때와 같이 반죽을 치대어 45분간 발효시킨다.(14쪽 ①~⑮)

commentaires:
이 빵은 밀 단백질(글루텐)의 가루를 넣어 매우 탄력이 있다. 글루텐 가루는 호밀 빵과 통밀 빵 등을 만들 경우, 탄력이 없는 가루를 사용할 때 소량 넣으면 볼륨이 생긴다.

1 작업대에 여분의 밀가루를 뿌리고, 카드로 볼에서 반죽을 꺼낸다. 300g씩 2개로 나눠 각각 손바닥으로 눌러 공기를 빼고, 가장자리의 반죽을 중앙으로 접어 뭉쳐 놓는다.

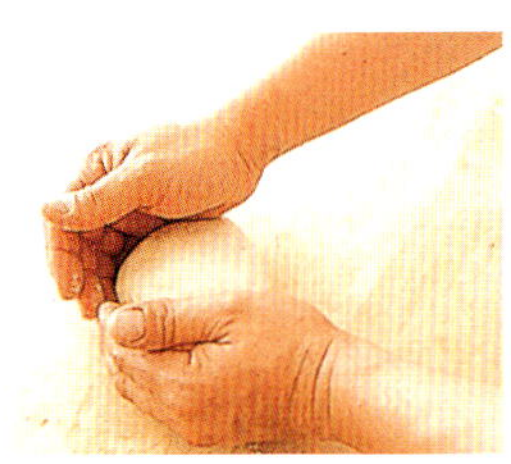

2 양손을 겹쳐 올려놓고, 반죽을 가볍게 눌러 납작하게 편다.

3 타원형으로 만든다.

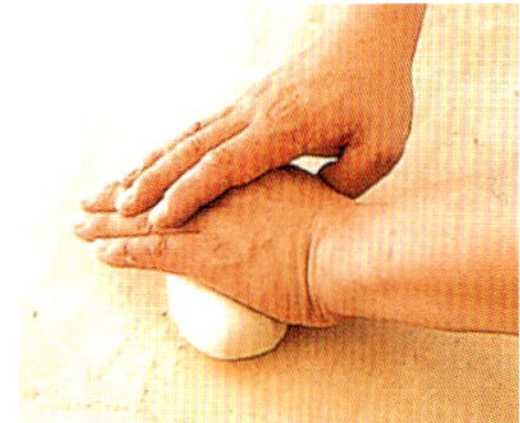
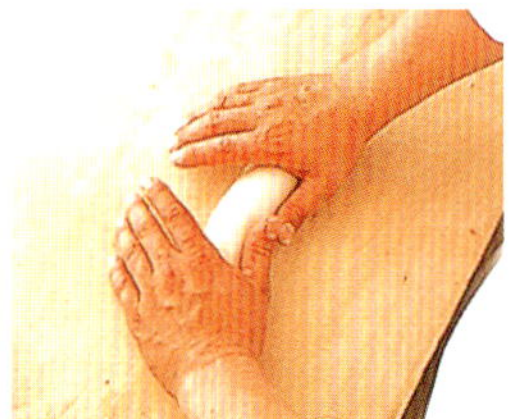

4 면보를 덮어 15분 정도 휴지시킨다.

5 거친 면을 위로 놓고 손바닥으로 눌러 공기를 뺀 후, 한쪽의 3분의 1을 접어 이음새를 눌러 주고, 같은 방법으로 공기를 뺀다. 반대쪽도 접어 마찬가지로 공기를 뺀다.

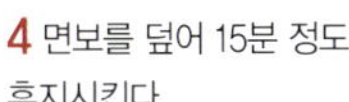

6 다시 반으로 접어, 이음새를 단단히 눌러 붙인다.

7 이음새 부분을 밑으로 놓은 뒤, 중앙에 양손을 겹쳐 놓고 반죽을 눌러 조여 준다.

8 가볍게 누르는 느낌으로 양손을 앞뒤로 움직여 가며 좌우로 넓혀 반죽을 늘인다.

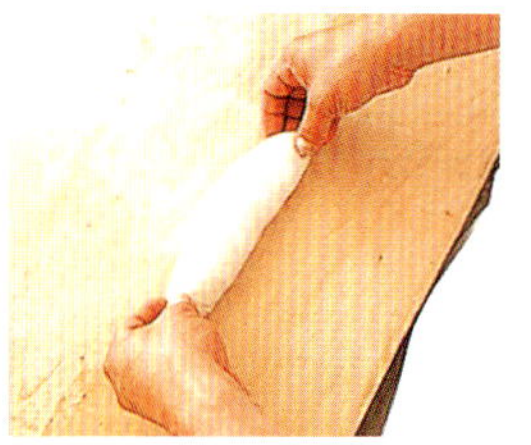

9 반죽을 25cm 길이로 만들고, 양끝은 약간 가늘게 한다. 양끝을 이음새가 있는 쪽으로 접어 양손으로 반죽을 조여 길이 18cm의 원통형으로 만든다.

10 버터를 바른 틀에 이음새 부분이 밑에 오도록 넣고, 반죽을 가볍게 누른다.

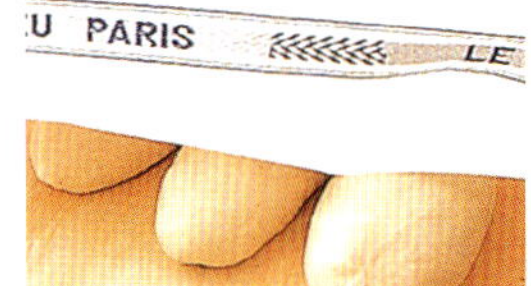

11 반죽의 양은 틀의 2분의 1 정도로 한다. 표면이 마르지 않도록 면보를 덮어 1시간 15분~1시간 35분 동안 발효시킨다.

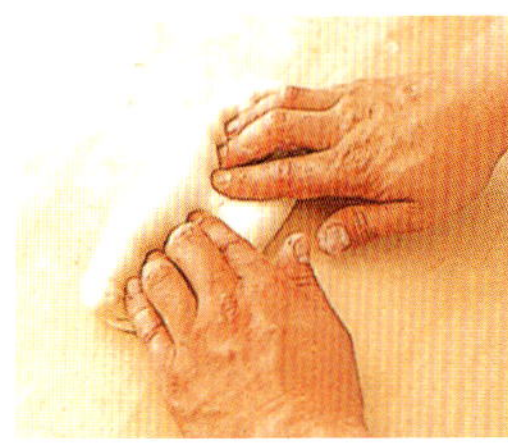
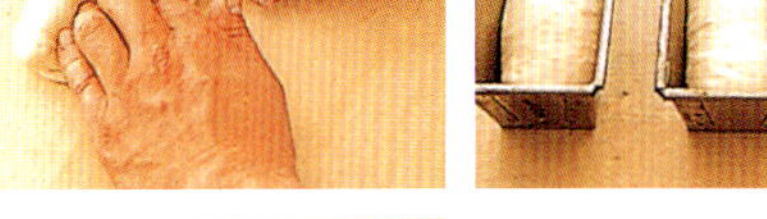

12 알맞은 발효 상태. 반죽이 2배 정도로 부풀어오르면 발효 완료. 수증기를 내둔 210℃의 오븐(15쪽 ㉝)에 30분 정도 굽는다.

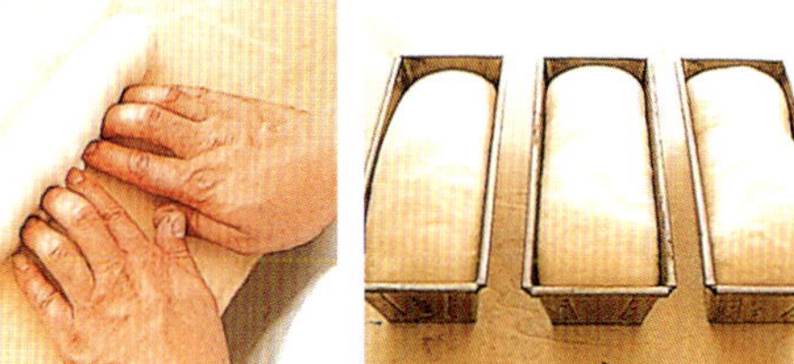

엑상프로방스의 푸가스
FOUGASSE AIXOISE

이 빵은 프랑스 남동부 지방에서 거의 1세기 동안 만들어 왔다. 올리브와 프로방스의 향초를 사용해 만든다.

les ingrédients
pour
3 pains de 270g

주재료
프랑스 빵 전용 밀가루 350g
통밀 가루 50g
생이스트 8g
소금 10g
물 200cc
올리브 오일 1½ 큰술
발효 반죽(11쪽) 200g

마무리 재료
올리브 오일 적당량
프로방스 향초 적당량

préparation:
순서에 들어가기 전에 팽 드 캉파뉴 만들 때와 같이 반죽을 치대는데, 물과 올리브 오일을 넣고 반죽해 1시간 30분 동안 발효시킨다. (14쪽 ①～⑮)

commentaires:
· 프로방스 향초는 타임 · 월계수 잎 · 바질 · 사리에트를 섞은 것으로, 건조된 것을 주로 사용한다.
· 기호에 따라 올리브를 넣어도 좋다.

1 작업대에 여분의 밀가루를 뿌리고, 카드로 볼에서 반죽을 꺼낸다. 270g씩 3개로 나눠 직사각형으로 만든 다음 면보를 덮어 20분간 휴지시킨 후, 손바닥으로 눌러 공기를 완전히 뺀다.

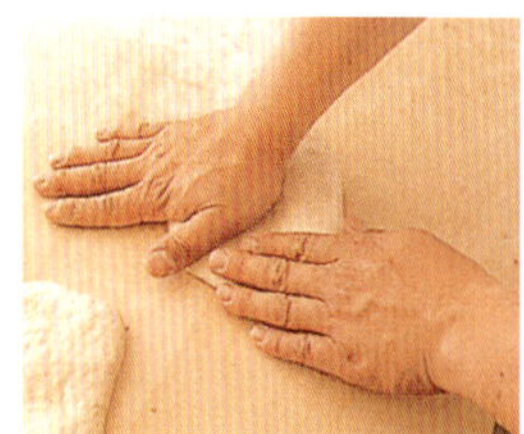

2 직사각형의 모양 그대로 밀대로 민다.

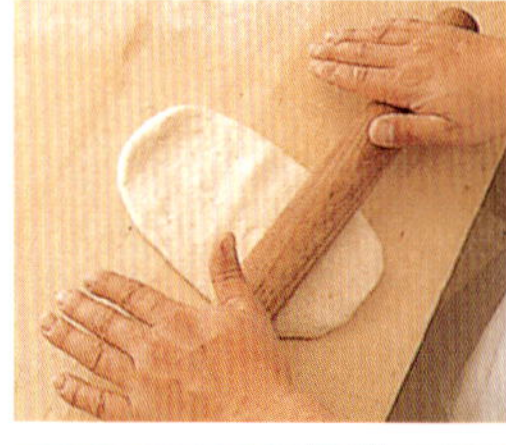

3 90도씩 방향을 바꿔 가며 밀대로 28×16cm 크기로 펴준다.

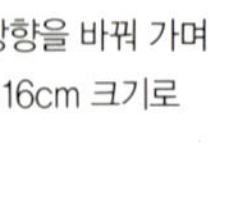

4 버터를 바른 오븐 팬에 놓고, 스크레이퍼로 3군데 칼집을 넣는다.

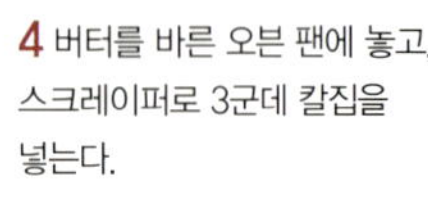

5 칼집 넣은 부분을 양손으로 벌려 준다. 많이 벌리지 않으면, 발효 후 이 부분이 막혀 버린다.

6 붓으로 표면에 올리브 오일을 바른다.

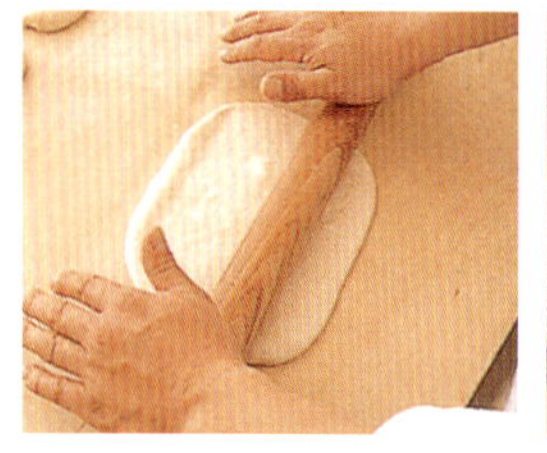

7 프로방스 향초를 뿌린다. 슬라이스한 올리브 열매를 얹어도 좋다. 표면이 마르지 않도록 반죽에 닿지 않게 덮개를 씌워 1시간 15분 동안 발효시킨다.

8 알맞은 발효 상태. 반죽이 2배 정도로 부풀어오르면 발효 완료. 수증기를 내뿜은 230℃의 오븐(15쪽 ㉝)에 25분 정도 굽는다.

마거리트 모양의 둥근 빵
BOULE MARGUERITE

마거리트 꽃을 본뜬 이 빵은, 프랑스 북부에서 보관성과 맛이 좋아 호평을 받고 있다. 네덜란드와 독일에서도 즐겨 먹는다.

les ingrédients
pour
1 pain de 480g

주재료
프랑스 빵 전용 밀가루 250g
옥수수 가루 30g
생이스트 8g
소금 5g
물 190cc
버터 10g

마무리 재료
검은깨 적당량

préparation:
순서에 들어가기 전에 팽 드
캉파뉴 만들 때와 같이 반죽을
치댄다. 버터를 넣고 다시 반죽해
1시간 발효시킨다.(14쪽 ①~⑮)

1 작업대에 여분의 밀가루를
뿌리고, 카드로 볼에서 반죽을
꺼내 손바닥으로 눌러 납작하게
만든다. 가장자리의 반죽을
중앙으로 접어 공기를 뺀다.

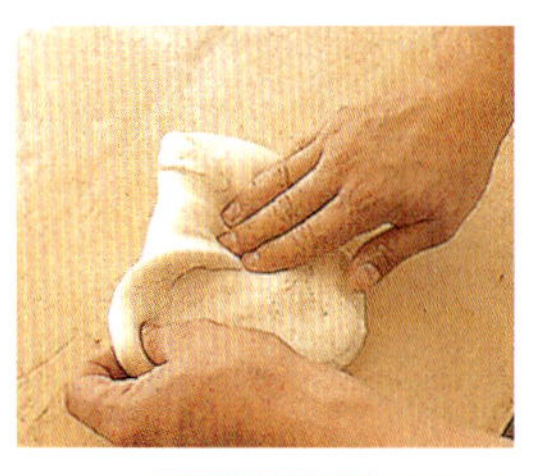

2 반죽의 일부(30g 정도)를
자른다. 큰 반죽의 가장자리를
중앙으로 접어 뭉쳐 표면이
매끄러워지면, 양손으로 반죽을
돌려 가며 둥글게 만들어 준다.

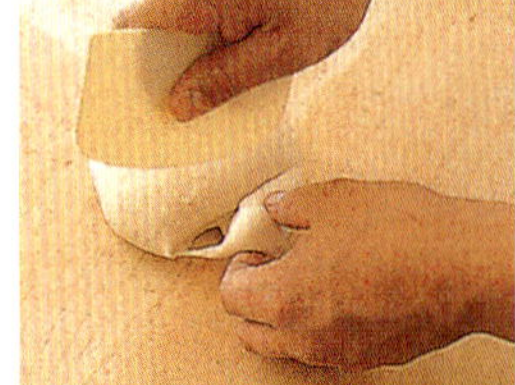

3 작은 반죽은 ②와 마찬가지로
접은 뒤 손을 오므려 반죽 위에
가볍게 얹어 둥글린다.

4 ②와 ③에 면보를 덮어 15분
정도 휴지시킨다.

5 큰 반죽을 손바닥으로 눌러
공기를 빼고, 너무 단단하지
않게 반죽을 다시 둥글려
가볍게 눌러 준다.

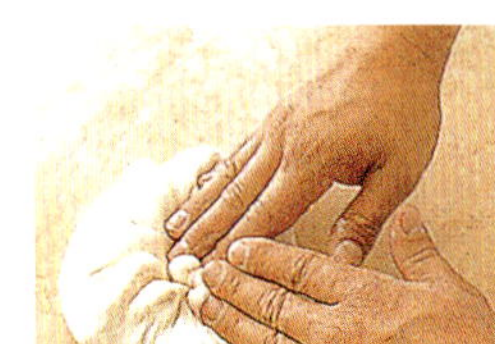

6 밀가루를 뿌리고, 밀대로
눌러 사진처럼 자국을
낸다(중심점을 통과시켜 8등분
한 선을 넣는다).

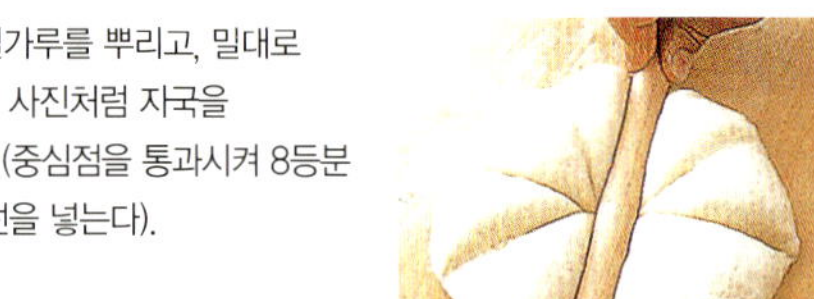

7 버터를 바른 오븐 팬에 놓고,
붓으로 밀가루를 털어 낸다.

8 ④의 작은 반죽은 한 번 더
손바닥으로 눌러 공기를 빼고,
다시 둥글려 준다. 표면에 물을
바르고, 반죽 윗면에 검은깨를
가득 묻힌다.

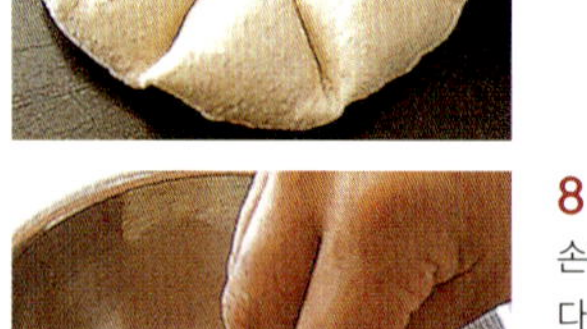

9 ⑦의 반죽 중앙에 검은깨를
묻힌 ⑧을 얹어 놓는다.

10 두 반죽이 떨어지지 않도록
위를 가볍게 눌러 준다.

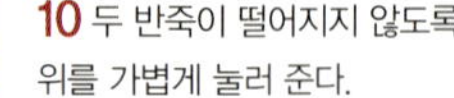

11 표면이 마르지 않도록
면보를 덮어 1시간 15분~1시간
30분 정도 발효시킨다.

12 알맞은 발효 상태. 반죽이
2배 정도로 부풀어오르면 발효
완료. 수증기를 내둔 210℃의
오븐(15쪽 ㉝)에 30분 정도
굽는다.

PETITS PAINS AU LAIT
작은 우유 빵

작은 우유 빵
PETITS PAINS AU LAIT

칼집을 넣은 모양이 아주 예쁜 우유 향의 빵. 아침 식사에 커피와 함께 먹기도 하고, 토스트해서 생선 무스 등을
넣어 즐기기도 한다.

les ingrédients
pour
12 pains de 50g

주재료
프랑스 빵 전용 밀가루 340g
생이스트 15g
소금 8g
설탕 10g
우유 200cc

버터 30g

마무리 재료
달걀물 적당량
각설탕(제과용) 적당량

commentaires:
이 빵 만드는 순서는 다른 빵(64~89쪽)의 기본이 된다. 테크닉을
익힌 다음, 우선 작은 우유 빵(프티 팽 오레)을 굽는 것부터 시작해
보자.

1 넓은 볼에 프랑스 빵 전용
밀가루를 넣고, 중앙에 홈을 판다.

2 홈을 넓혀 설탕, 소금,
생이스트를 따로 분리해 넣는다.

3 ②에 우유를 붓는다.

4 손끝으로 생이스트를 풀어 녹여
페이스트 상태로 만들고, 다른
재료도 섞어 손끝으로 홈 내부의
밀가루를 액체 쪽으로 밀어 섞어
준다.

5 손으로 반죽을 쥐어 으깨는
식으로 밀가루가 액체 속에
섞이도록 한다.

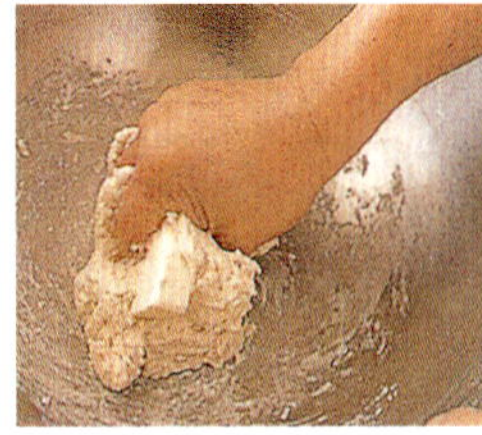

6 실온에서 부드럽게 만든 버터를
넣고, 밀가루가 골고루 섞이도록
손으로 주물러 가며 반죽한다.

7 볼 바닥에 밀가루가 남아 있지
않도록 깨끗하게 섞어 반죽을
뭉친다.

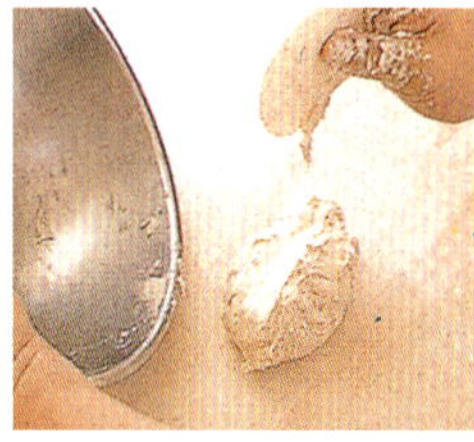

8 반죽이 한 덩어리로 뭉쳐지면,
작업대에 여분의 밀가루를 뿌리고,
볼에서 카드로 반죽을 꺼내
놓는다.

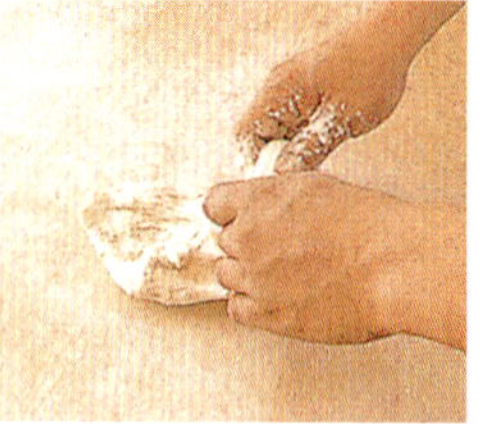

9 반죽을 들어올려 반죽의 무게를
이용해 작업대에 내려친다.

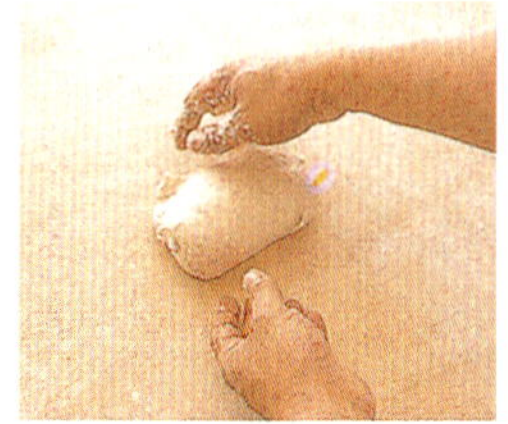

10 그 반동으로 공기를 넣으면서
반죽을 반으로 접는다.

11 90도씩 방향을 바꿔 ⑨, ⑩
과정을 반복하며 2~3분간 반죽을
치댄다.

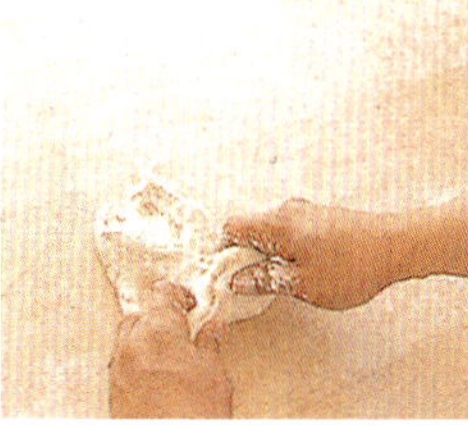

12 다시 ⑨, ⑩과 같은 방식으로
작업대에 내려치고, 잡아당겨
글루텐이 형성되도록 반죽한다.

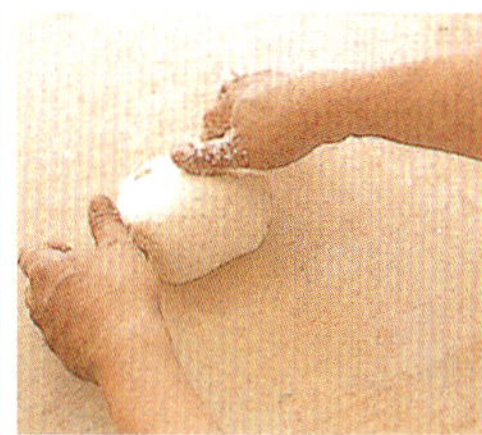

13 표면이 매끄러워지고,
글루텐이 충분히 형성될 때까지
10분 정도 더 반죽한다.

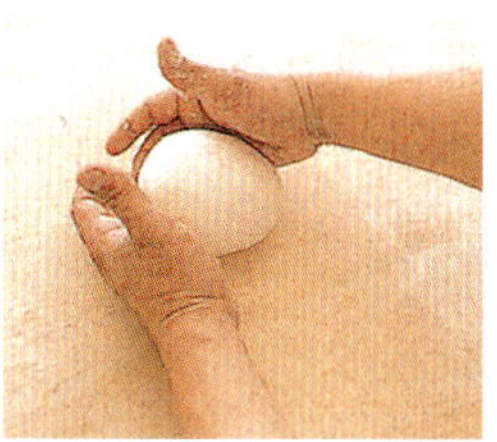

14 표면이 매끈해지면, 양손으로
반죽을 돌려 가며 둥글게 만들어
준다.

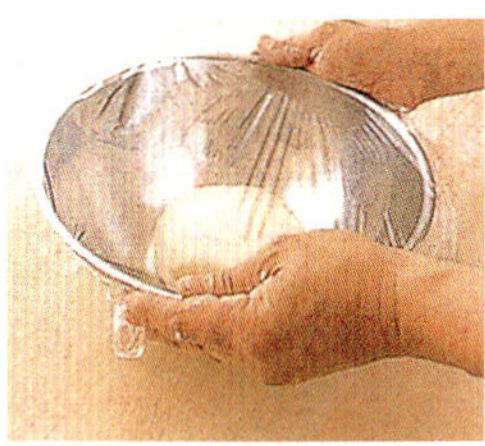

15 볼에 넣고, 랩을 씌워 45분
정도 발효(1차 발효)시킨다. 그대로
두면 표면이 건조해진다.

16 알맞은 발효 상태. 반죽이 2~3배 부풀어오르면 발효 완료.

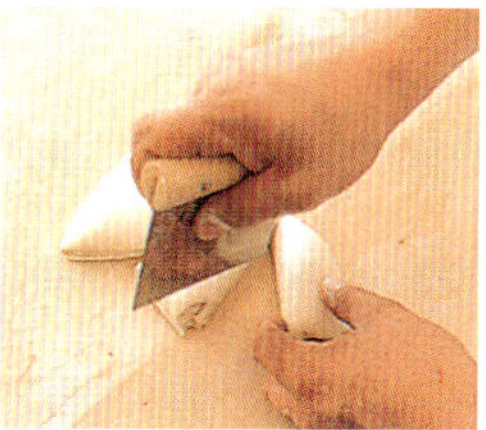

17 작업대에 여분의 밀가루를 뿌리고, 카드로 볼에서 반죽을 꺼내어 50g씩 나눈다.

18 저울에 달아 정확히 계량한다. 50g씩 12개로 만들어 놓는다.

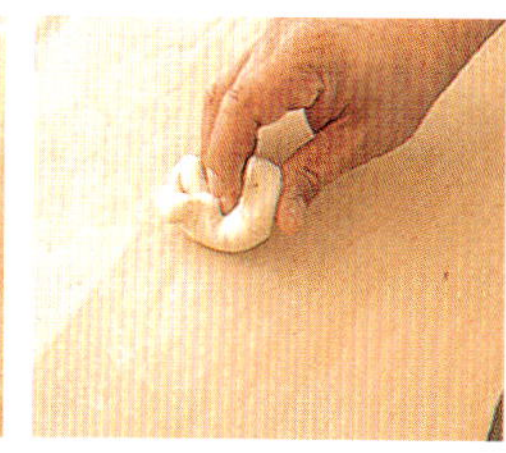

19 손바닥으로 눌러 공기를 빼고, 반죽을 접어 둥글게 만들어 준다.

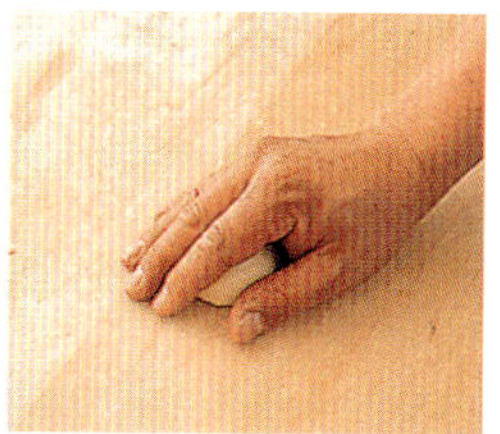

20 거친 면을 밑으로 오게 놓고 손으로 감싸듯 덮은 다음, 손을 돌려 작업대와 손바닥의 중심에서 반죽을 둥글게 완성시킨다.

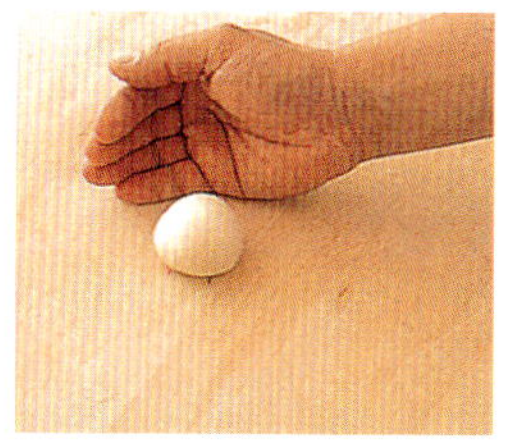

21 ⑳의 손은 반원의 형태로 오므리고, 반죽 표면이 탄력 있고 매끄러워질 때까지 작업한다. 나머지도 같은 방법으로 만들어 12개의 반죽을 작업대 위에 나란히 배열한다.

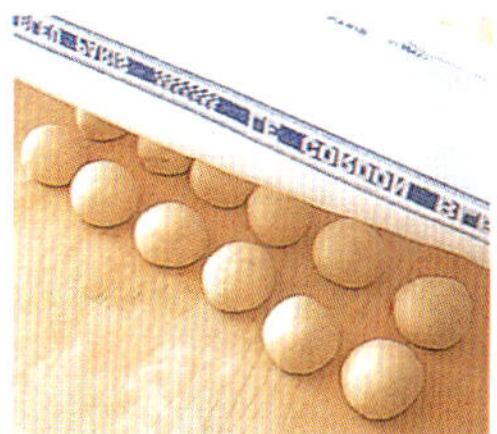
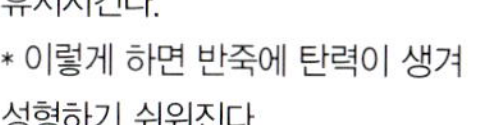

22 면보를 덮어 15분 정도 휴지시킨다.
* 이렇게 하면 반죽에 탄력이 생겨 성형하기 쉬워진다.

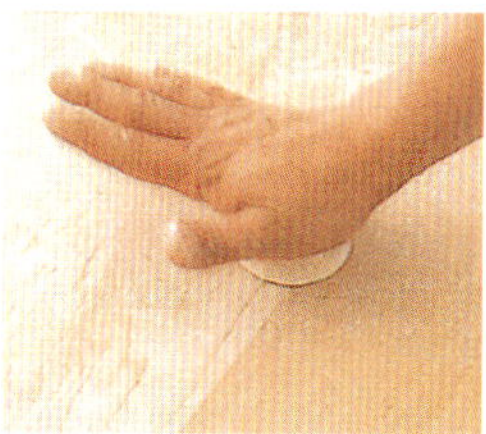

23 반죽의 거칠었던 부분을 위로 놓고, 손바닥으로 반죽을 눌러 공기를 뺀다. 가장자리의 반죽을 중앙으로 접어 다시 둥글려 준다.

24 한 번 더 손바닥으로 눌러 공기를 빼고 한쪽의 3분의 1을 접어 이음새를 꾹꾹 눌러 붙인다.

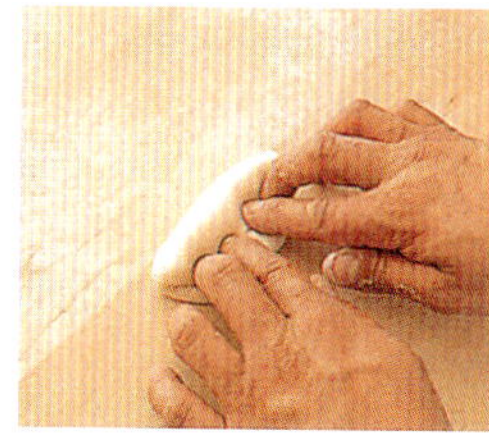

25 반대쪽도 접어 이음새를 눌러 붙인다.

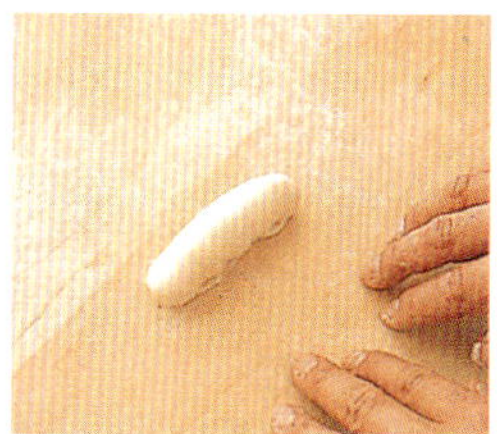

26 한 번 더 접어 이음새를 밑으로 놓고, 탄력 있고 매끄러운 표면의 막대 모양으로 만든다.

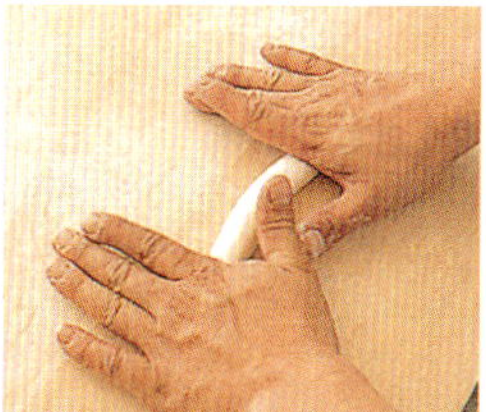

27 반죽 중앙에 양손을 겹쳐 놓고, 눌러 조여 가며 약간 늘여서 양끝을 가늘게 성형한다.

28 버터를 바른 오븐 팬에 간격을 두어 놓고, 달걀물을 바른다.

29 표면이 마르지 않도록 반죽에 닿지 않게 덮개를 씌워 발효기나 스티로폼 용기에 넣고, 1시간 15분~1시간 30분 정도 발효시킨다.

30 표면에 다시 달걀물을 바른다.

31 반죽이 달라붙지 않도록 가위 끝에 달걀물을 묻혀, 표면 중앙에 가위집을 넣는다.

32 표면이 마르지 않도록 덮개를 씌워 10~15분간 발효시킨다 (완전히 발효시켜 가위집을 넣으면 모양이 망가지므로, 가위집을 넣은 후 발효시킨다).

33 알맞은 발효 상태. 15분 정도의 발효로 반죽은 다시 부풀어오른다.

34 위에 각설탕을 뿌린다. 약 220℃의 오븐에 넣어 15~17분 정도 굽는다.

35 다 구워지면 식힘망에 옮겨 식힌다. 식힘망에 두지 않으면, 빵의 밑바닥이 축축해진다.

BAGUETTE VIENNOISE
빈 바게트

CRAMIQUE

건포도가 든 버터 빵, 크라미크

빈 바게트
BAGUETTE VIENNOISE

오스트리아에서 처음 만들어진 바게트. 이 빵은 단맛이 나는 모든 빵의 기초가 된다.

les ingrédients
pour
3 baguettes de 300g

주재료

프랑스 빵 전용 밀가루 250g
강력분 250g
생이스트 25g
소금 10g
설탕 20g
우유 70cc
물 200cc
달걀 1개
버터 50g

마무리 재료

달걀물 적당량

préparation:
순서에 들어가기 전에 프티 팽
오 레 만들 때와 같이 반죽을
치대는데, 우유를 넣을 때 물과
달걀도 함께 넣고 반죽해 30분간
발효시킨다.(62 · 63쪽 ①~⑯)

1 작업대에 여분의 밀가루를
뿌리고 카드로 볼에서 반죽을
꺼낸다. 300g씩 3개로 나눠
손바닥으로 납작하게 누른 후,
가장자리의 반죽을 중앙으로
접어 공기를 뺀다.

2 양손으로 반죽을 돌리면서
가볍게 둥글린다.

3 면보를 덮어 15분 정도
휴지시킨다.

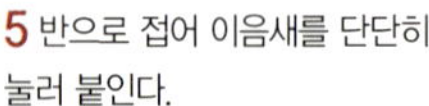

4 거친 면을 위로 놓고,
손바닥으로 눌러 공기를 뺀다.
한쪽의 3분의 1을 접어
이음새를 눌러 붙인 뒤 공기를
빼고, 반대쪽도 접어 같은
방법으로 작업한다

5 반으로 접어 이음새를 단단히
눌러 붙인다.

6 이음새를 밑으로 놓은 다음,
양손을 중앙에 겹쳐 놓고
반죽을 눌러 조여 준다.

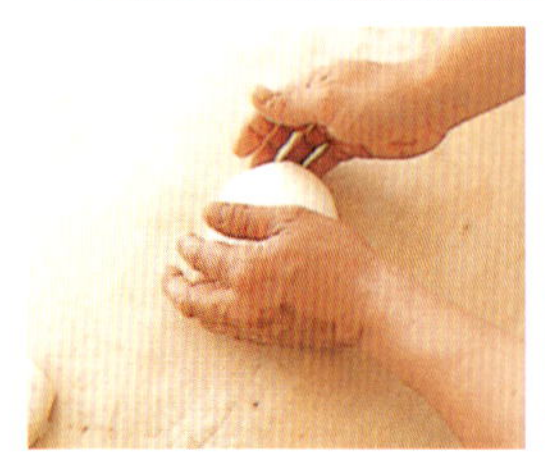
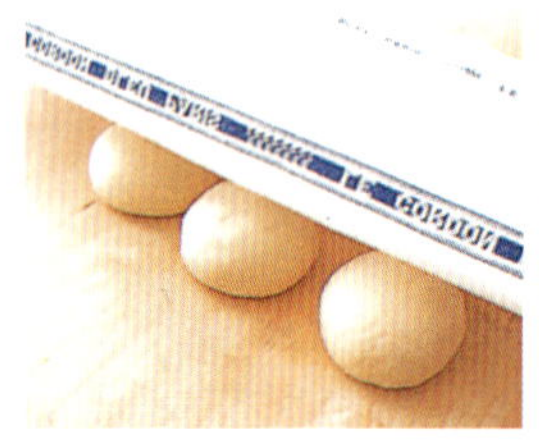

7 반죽을 좌우로 넓히면서
늘이고, 양끝을 약간 가늘게
만들어 준다.

8 만약 길이가 짧으면 다시
중앙에서부터 늘여 준다.
* 작업이 어려울 정도로 반죽의
조직이 치밀하면 잠시 그대로
두었다가 다시 성형하면 된다.

9 길이 45cm의 막대 모양으로
성형한다. * 원래는 바게트 틀에
올려 오븐에 굽지만, 일반 오븐
팬에 굽는 경우는 모양이
망가지지 않도록 반죽을 단단히
해주어야 한다.

10 버터를 바른 오븐 팬에
놓고, 표면에 달걀물을 바른다.

11 사선으로 촘촘하게 칼집을
넣고, 표면이 마르지 않도록
반죽에 닿지 않게 덮개를 씌워
1시간 15분~1시간 30분 정도
발효시킨다.

12 알맞은 발효 상태. 반죽이
2배 정도로 부풀어오르면 발효
완료. 210℃의 오븐에 20분
정도 굽는다.

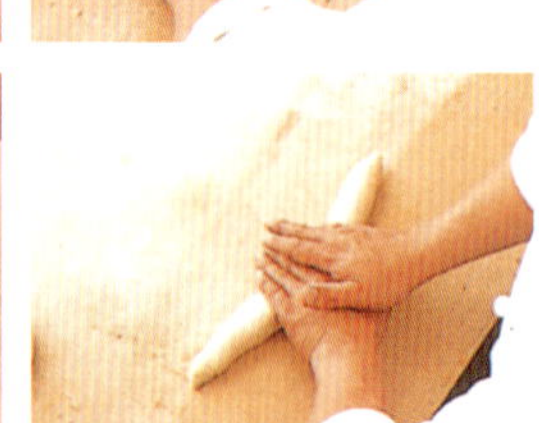
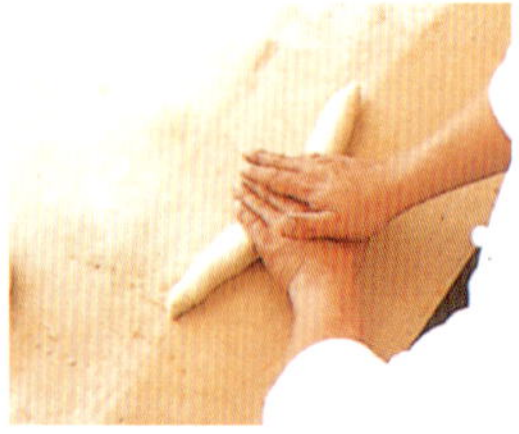

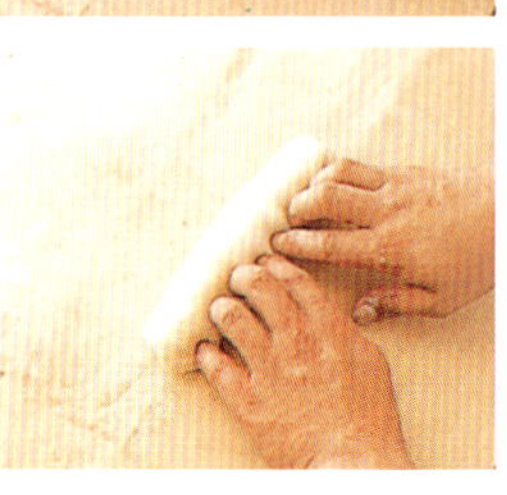

건포도가 든 버터 빵, 크라미크
CRAMIQUE

브리오슈와 비슷한 과정으로 만들어지는 이 빵은 벨기에와 프랑스 북부에서 주로 즐긴다. 프랑스에서는
코린트산 건포도로 만든다.

les ingrédients
pour
1 pain de 450g

matériel:
∮ 19×10cm의 식빵 틀 (1개)

주재료
프랑스 빵 전용 밀가루 200g
생이스트 8g
소금 4g
설탕 18g
물 70cc
달걀 1개
버터 50g
오렌지 필(잘게 썬 것) 15g
건포도 35g

마무리 재료
달걀물 적당량

préparation:
순서에 들어가기 전에 프티 팽
오 레 만들 때와 같이 반죽을 9분
정도 치대는데, 우유 대신 물과
달걀을 넣는다. 반죽이 완성되면
건포도 · 오렌지 필을 넣고,
전체가 골고루 섞일 때까지
반죽해 40분간 발효시킨다.
(62 · 63쪽 ①~⑯)

commentaires:
건포도와 오렌지 필 대신
초코칩을 넣어 변화를 주어도
좋다.

1 작업대에 여분의 밀가루를
뿌리고 카드로 볼에서 반죽을
꺼낸다. 손바닥으로 납작하게
누른 후, 가장자리의 반죽을
중앙으로 접어 공기를 뺀다.

2 작업대에 반죽을 내려치고,
반으로 접어(90도씩 방향을
바꿔 2~3회 반복한다),
양손으로 반죽을 돌려 가며
조여 둥글게 만들어 준다.

3 면보를 덮어 15분 정도
휴지시킨다. 거친 면을 위로
놓고, 손바닥으로 눌러 공기를
뺀다.

4 한쪽의 3분의 1을 접어
이음새를 눌러 붙이고, ③과
같은 방법으로 공기를 뺀다.
반대쪽도 접어 같은 방법으로
작업한다. 다시 반으로 접어
이음새를 단단히 눌러 붙인다.

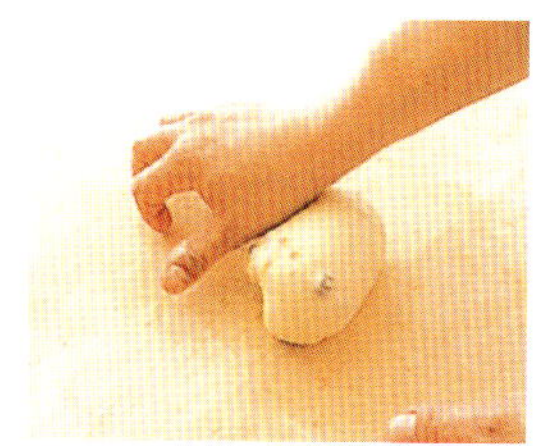

5 이음새를 밑으로 놓고,
양손을 중앙에 겹쳐 올려
반죽을 굴리고 누르며, 좌우로
넓혀 늘여 준다.

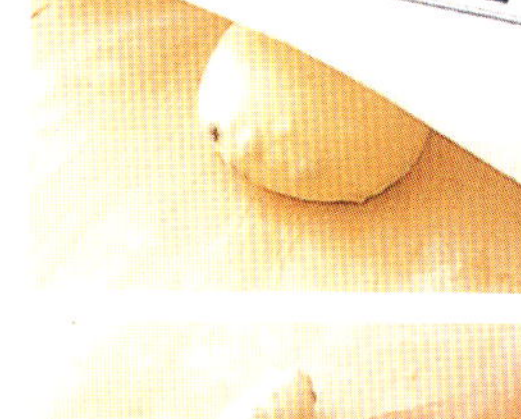

6 28cm 정도의 길이로 만들어
양끝은 약간 가늘게 한다.
이음새를 위로 놓고, 양끝이
중앙에 오도록 접는다.

7 접은 반죽을 단단히 눌러
붙인다.

8 이음새가 밑에 오도록 뒤집어
길이 19cm의 원통형으로
모양을 다듬어 준다.

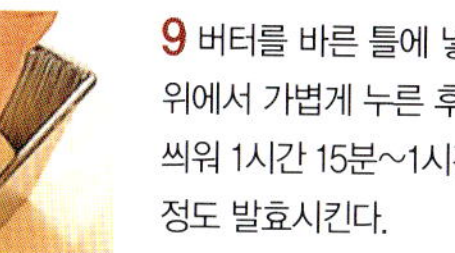

9 버터를 바른 틀에 넣고
위에서 가볍게 누른 후, 랩을
씌워 1시간 15분~1시간 30분
정도 발효시킨다.

10 알맞은 발효 상태. 반죽이
2배 정도로 부풀어오르면 발효
완료. 표면에 달걀물을 바른다.

11 가위 끝에 달걀물을 묻혀,
가위집을 넣을 때 가위 끝에
반죽이 달라붙지 않도록 한다.

12 가위로 교차시켜 가위집을
넣는다. 210℃의 오븐에 30분
정도 굽는다.

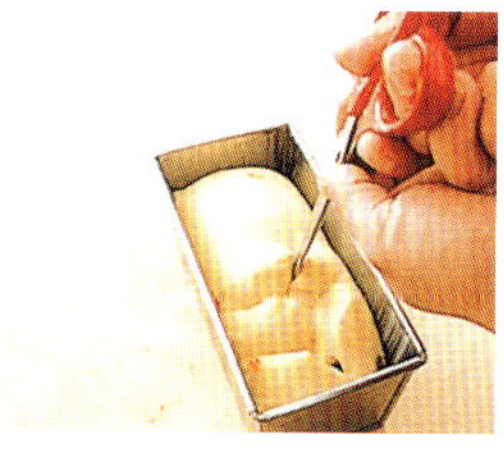

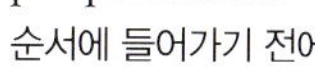

스위스의 엮어놓은 빵
TRESSE SUISSE

이 빵은 스위스 로망드(스위스의 불어 사용 지역)에서 처음 만들어졌다. 아침 식사에는 그대로, 또는 토스트해 버터를 발라 먹기도 한다.

les ingrédients
pour
2 tresses de 460g

주재료

프랑스 빵 전용 밀가루 250g
강력분 250g
생이스트 30g
소금 10g
설탕 12g
우유 70cc
물 200cc
달걀 1개
등화수(99쪽) 적당량(없으면
오렌지 껍질 간 것 1개분)
버터 80g

마무리 재료
달걀물 적당량

préparation:
순서에 들어가기 전에 프티 팽
오 레 만들 때와 같이 반죽을
치대는데, 우유를 넣을 때 물과
달걀·등화수를 함께 넣고 반죽해
35분간 발효시킨다. (62·63쪽
①~⑯)

1 작업대에 여분의 밀가루를 뿌리고 카드로 볼에서 반죽을 꺼낸다. 230g씩 4개로 나눠 손바닥으로 납작하게 눌러 공기를 빼고, 타원형으로 성형한다.

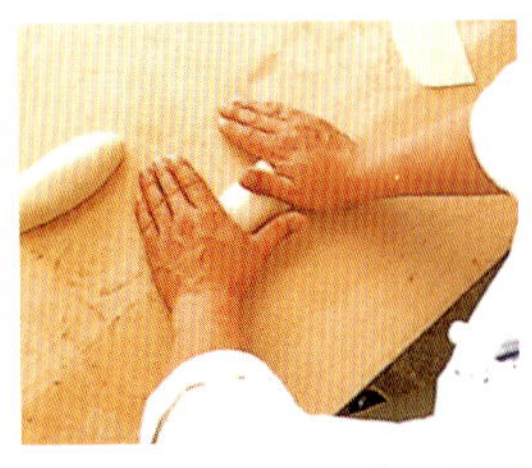

2 면보를 덮어 15분 정도 휴지시킨 후, 손바닥으로 눌러 공기를 뺀다.

3 한쪽의 3분의 1을 접어 이음새를 눌러 붙이고, 같은 방법으로 공기를 뺀다. 반대쪽도 접어 마찬가지로 작업한다. 다시 반으로 접어 이음새를 단단히 눌러 붙인다.

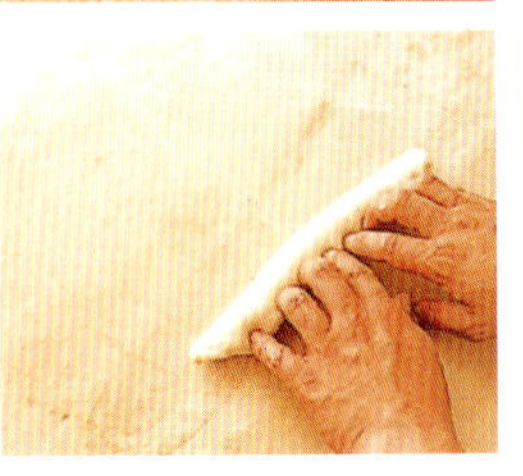

4 이음새를 밑으로 놓고, 양손을 중앙에 겹쳐 반죽을 누르면서 양손을 좌우로 넓혀 늘여 준다. 중심은 굵게, 바깥쪽으로 갈수록 점점 가늘게 만들고, 양끝은 양손을 상하 반대 방향으로 굴려 35cm의 길이로 만든다.

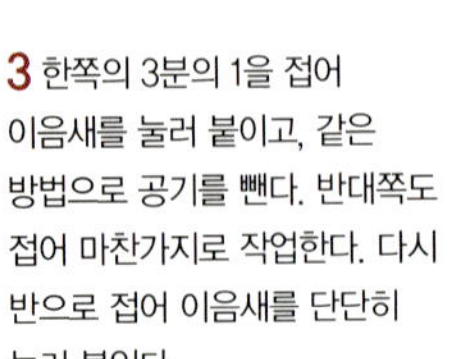
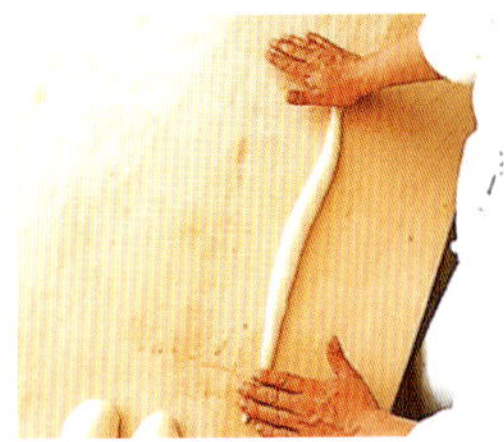

5 2개의 반죽을 열십자(十)로 놓고(세로로 놓은 반죽을 위로 오게 한다), 아래 반죽의 양끝을 잡는다.

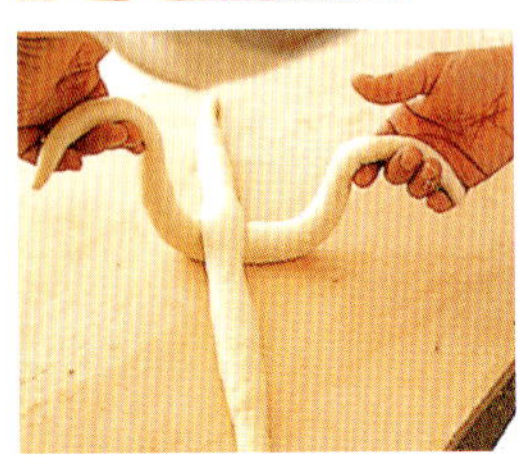

6 왼손을 아래, 오른손을 위로 교차시킨다.

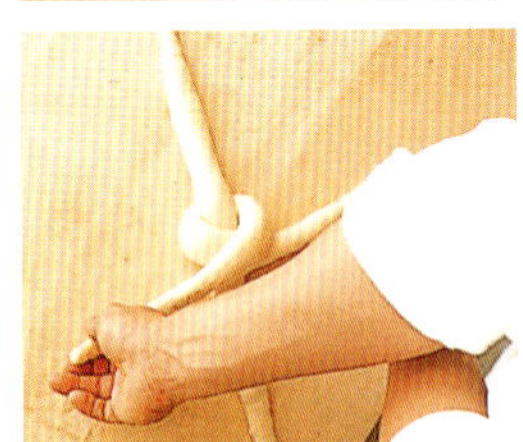

7 세로로 놓인 반죽의 상단은 오른손, 하단은 왼손으로 잡고 오른손을 밑, 왼손을 위로 교차시킨다.

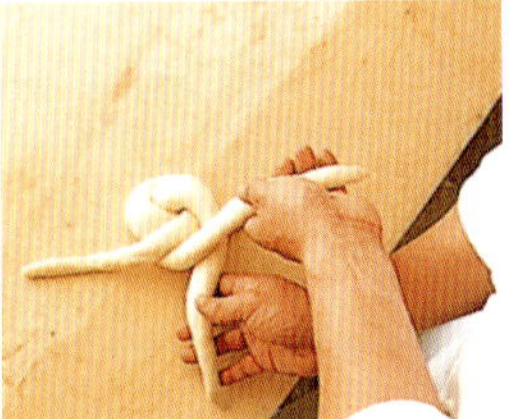

8 아래에 있는 반죽의 위를 밑으로, 밑을 위로 하는 식으로 ⑥, ⑦ 과정을 반복한다.

9 엮어 짜놓은 반죽의 끝 부분은 밑으로 접어 준다.

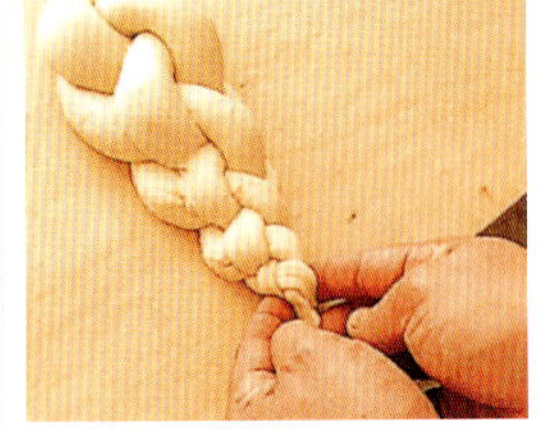
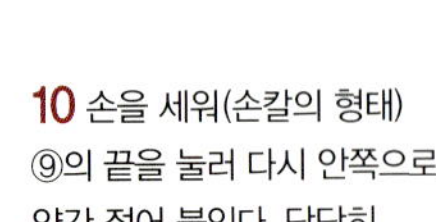

10 손을 세워(손칼의 형태) ⑨의 끝을 눌러 다시 안쪽으로 약간 접어 붙인다. 단단히 붙이지 않으면 발효 중에 풀어져 버린다.

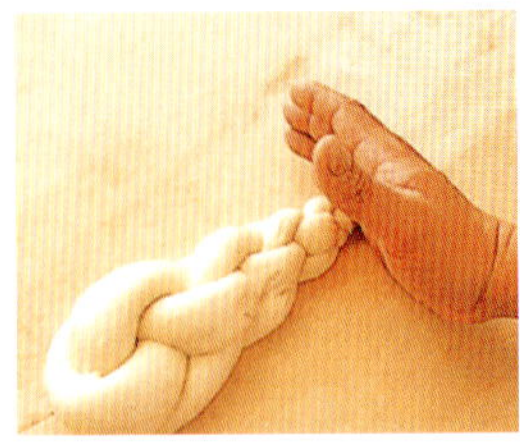

11 버터를 바른 오븐 팬에 놓고, 표면에 달걀물을 바른다. 표면이 마르지 않도록 반죽에 닿지 않게 덮개를 씌워 1시간 15분~1시간 30분 정도 발효시킨다.

12 알맞은 발효 상태. 반죽이 2배 정도 부풀어오르면 발효 완료. 다시 표면에 달걀물을 발라, 200℃의 오븐에 30분 정도 굽는다.

KOUGLOF
쿠글로프

BRIOCHE
브리오슈

쿠글로프
KOUGLOF

처음 만들어진 곳은 오스트리아지만, 프랑스 알자스 지방의 명물이 되었다. 부드럽고 달콤한 맛으로,
루이 16세의 왕비 마리 앙투아네트가 자주 즐겼다고 한다.

les ingrédients
pour
1 pain de 500g

matériel:
ϕ 18×10cm의 쿠글로프 틀
(1개)

주재료

프랑스 빵 전용 밀가루 260g
생이스트 12g
소금 4g
설탕 25g
우유 85cc
달걀 2개
버터 75g
럼주에 절인 건포도 70g
레몬 껍질(잘게 썬 것) 1개분

마무리 재료

아몬드 슬라이스 적당량
슈거 파우더 적당량

préparation:
순서에 들어가기 전에 프티 팽
오 레 만들 때와 같이 반죽을
10분 정도 치대는데, 우유를 넣을
때 달걀도 함께 넣는다. 반죽이
완성되면 건포도·레몬 껍질을
넣고 전체가 골고루 섞일 때까지
반죽한 뒤, 40분간 발효시킨다.
(62·63쪽 ①~⑯)

commentaires:
· 레몬 껍질은 흰 부분을
도려내고 잘게 썬다. 건포도는
럼주에 절였다가 꺼내 수분을
제거해 둔다.
· 쿠글로프의 어원은 독일어인
쿠겔(공)과 호프헨(맥주 효모)을
합성한 말이며, 모양 때문에
구게르(어깨를 덮는 남자
모자)라고도 불린다.

1 작업대에 여분의 밀가루를
뿌리고 카드로 볼에서 반죽을
꺼낸다.

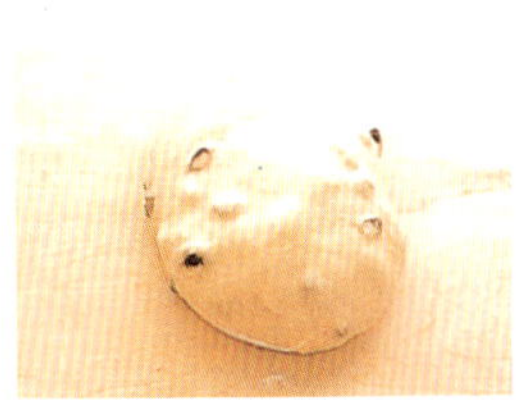

2 가장자리의 반죽을 중앙으로
접어 손바닥으로 눌러 공기를
뺀다.

3 거친 면을 밑으로 놓고
반죽을 양손으로 돌려 가며
조여 둥글게 성형한다.

4 면보를 덮어 15분 정도
휴지시킨다.

5 반죽의 이음새를 위로 놓고,
손바닥으로 눌러 평평하게 만든
다음, ②와 같은 방법으로
공기를 뺀다.

6 ③과 같은 방법으로 반죽을
다시 둥글게 만들어 준다.

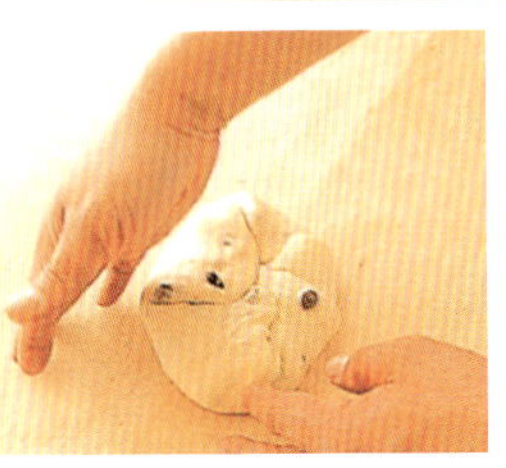

7 중앙에 손가락 2개를 넣어
구멍을 낸다.

8 쿠글로프 틀에 버터를
바르고, 아몬드 슬라이스를
고르게 넣는다.

9 반죽의 구멍을 틀에 맞춰
넓히고 윗면이 밑으로 오도록
틀에 넣는다.

10 반죽의 양은 틀의 1/4~1/3
정도. 표면이 마르지 않도록
반죽에 닿지 않게 덮개를 씌워
1시간 15분~1시간 30분 정도
발효시킨다.

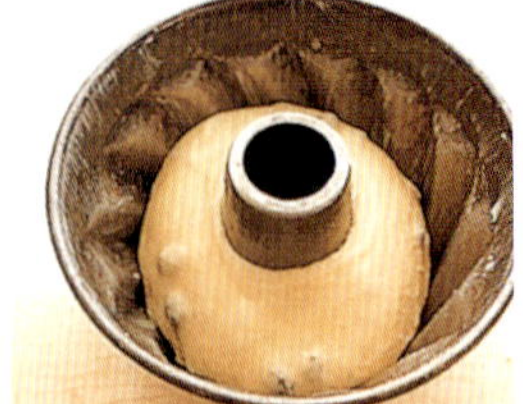

11 알맞은 발효 상태. 반죽이
2배 정도로 부풀어오르면 발효
완료. 220℃의 오븐에
25~30분 정도 굽는다.

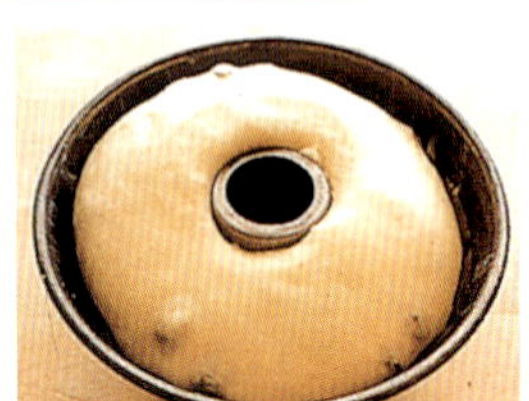

12 다 구워지면 바로 틀에서
꺼내 식힘망에 놓고, 빵이 식은
다음 슈거 파우더를 뿌려
완성한다.

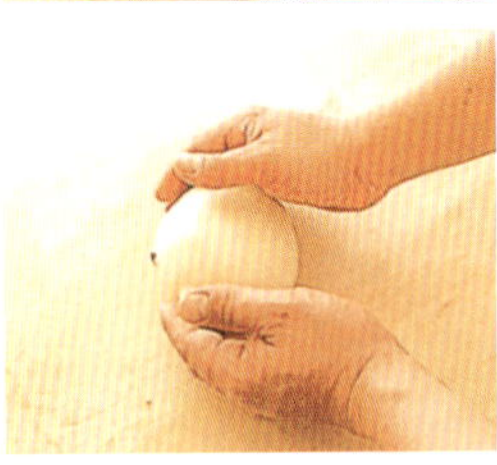

브리오슈
BRIOCHE

단맛이 나는 프랑스 빵 중에서 가장 오래된 빵으로, 달걀과 버터가 듬뿍 들어가 입 안에서 사르르 녹는
부드러운 맛이다. 초콜릿을 발라 먹어도 맛있다.

les ingrédients
pour
1 brioche de 350g et
3 petites 50g

matériel :

ϕ 10×11cm의 빈 캔 (1개)

주재료

강력분 250g
생이스트 8g
소금 7g
설탕 30g
달걀 3개
버터 120g

마무리 재료

달걀물 적당량
드레인드 체리 적당량

préparation :

순서에 들어가기 전에 프티 팽
오 레 만들 때와 같이 반죽을
치대는데, 우유를 넣을 때 달걀도
함께 넣고 반죽해 1시간 15분
정도 발효시킨다.(62 · 63쪽
①~⑯)

1 반죽이 2배로 부풀어오르면
1차 발효 완료. 시간적인 여유가
있으면 반죽을 다시 둥글려
6℃의 냉장고에서 휴지시킨다.
하룻밤 그대로 두어도 좋다.

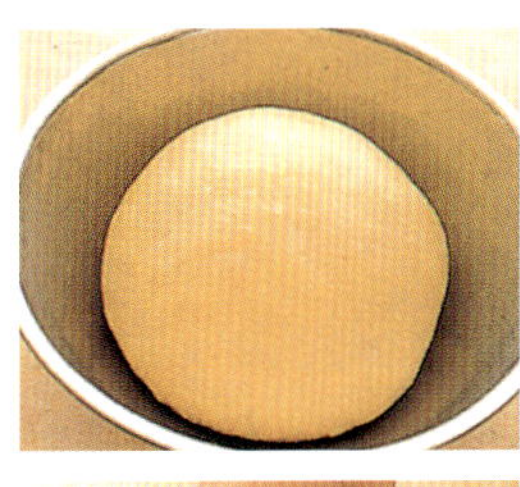

2 빈 캔을 준비해 내부에
가볍게 버터를 바르고, 바닥과
기둥 안쪽에 유산지나 쿠킹
시트를 붙인다.

3 작업대에 여분의 밀가루를
뿌리고 카드로 ①의 볼에서
반죽을 꺼낸다. 350g 1개, 50g
3개로 만들어 각각 공기를 빼고
둥글게 만들어 준다. 면보를
덮어 15분 정도 휴지시킨다.

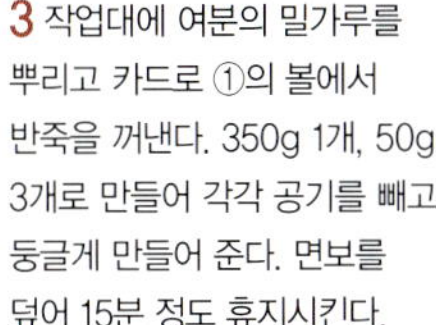
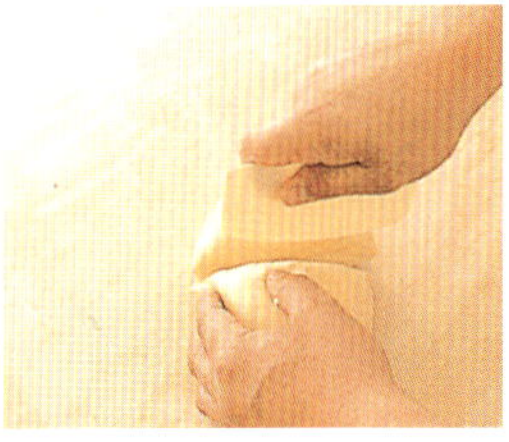

4 350g의 반죽을 작업대에
내려치고, 반으로 접어(여러 번
반복한다) 공기를 뺀다.

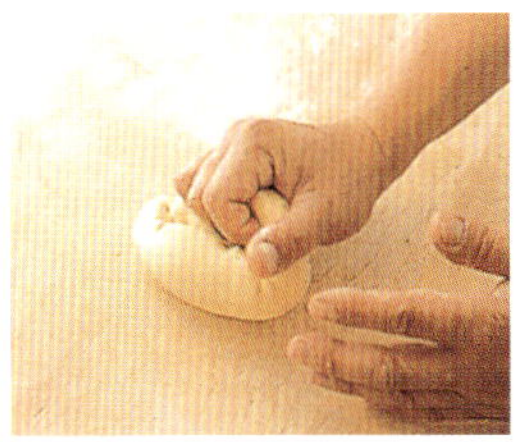

5 표면이 매끄러워지면 반죽을
양손으로 돌려 가며 조여
둥글게 만들어 준다.

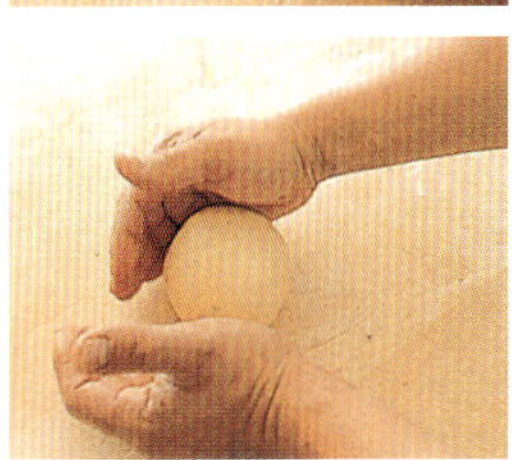

6 거친 면이 옆으로 오도록
놓고, 손바닥으로 굴려
원통형으로 성형한다.

7 ②의 캔 속에 ⑥의 반죽을
넣는다.

8 50g의 반죽은 각각
손바닥으로 눌러 가장자리
반죽을 중앙으로 접어 뒤집어
놓고, 손을 오므려 덮은 후 작은
원을 그리듯 손을 움직여
반죽을 둥글린다.

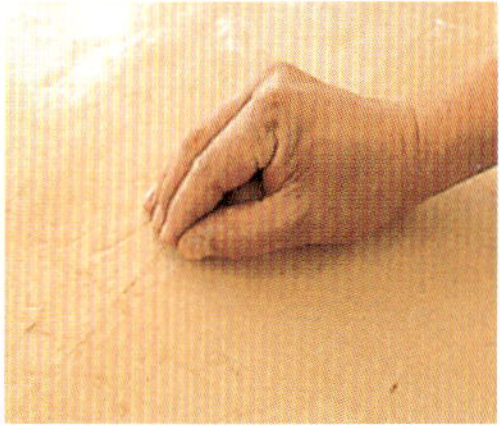

9 버터를 바른 오븐 팬에 ⑦과
⑧을 놓고, 표면이 마르지
않도록 반죽에 닿지 않게
덮개를 씌워 1시간 15분~1시간
30분 정도 발효시킨다.

10 알맞은 발효 상태. 반죽이
2배 정도로 부풀어오르면 발효
완료. 캔에 넣은 반죽 표면에
달걀물을 바른다.

11 50g의 작은 반죽은 끝에
달걀물을 묻힌 가위로 4군데에
가위집을 넣는다.

12 ⑪의 중심에 드레인드
체리를 얹어 떨어지지 않도록
눌러 붙인다. 210℃의 오븐에
작은 반죽은 15분, 큰 반죽은
30분 정도 굽는다.

축제의 빵
PAIN DES ROIS

왕관 모양의 이 빵은 1월6일 주현절에 먹는다. 빵 안에 도자기 인형을 넣어서 여러 사람이 잘라 먹다가 인형을 발견한 사람이 왕이 된다. 주현절은 프랑스에서는 상당히 큰 축제이다.

les ingrédients
pour
2 pains de 500g

주재료
프랑스 빵 전용 밀가루 550g
아몬드 파우더 50g
생이스트 12g
소금 8g
설탕 30g
우유 250cc
달걀 1개
럼주에 절인 건포도 70g
오렌지 껍질(흰 부분을 제거하고
잘게 썬 것) 1개분

마무리 재료
달걀물 적당량
각설탕(제과용) 적당량
드레인드 체리 적당량

préparation:
순서에 들어가기 전에 프티 팽
오 레 만들 때와 같이 반죽을
10분 정도 치대는데, 우유를 넣을
때 달걀도 함께 넣는다.(62쪽
①〜⑭)

1 반죽을 넓게 펴고 물기를 제거한 건포도와 잘게 썬 오렌지 껍질을 얹는다.

2 한쪽의 3분의 1을 접어 이음새를 눌러 붙이고, 손바닥으로 눌러 공기를 뺀다. 반대쪽도 접어 마찬가지로 작업한다. 다시 반으로 접어 이음새를 단단히 눌러 붙이고, 둥글게 만들어 준다.

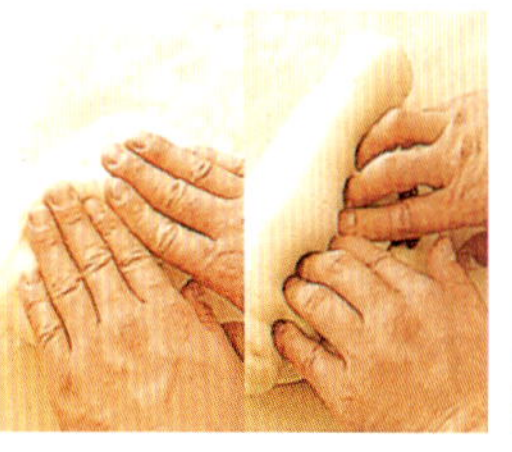

3 반죽을 작업대에 내려치고, 그 반동으로 공기를 넣으면서 반죽을 반으로 접어(90도씩 방향을 바꿔 가며 반복한다), 건포도·오렌지 껍질이 골고루 섞이도록 3분 정도 반죽한다.

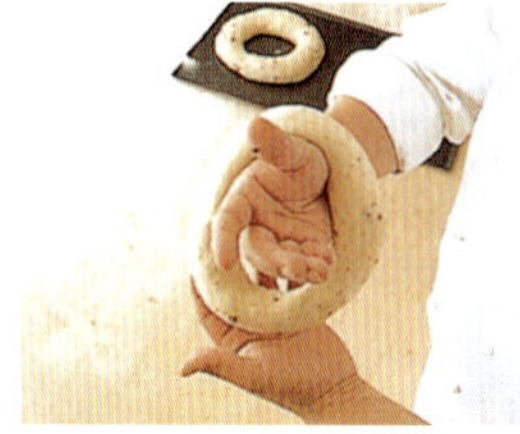
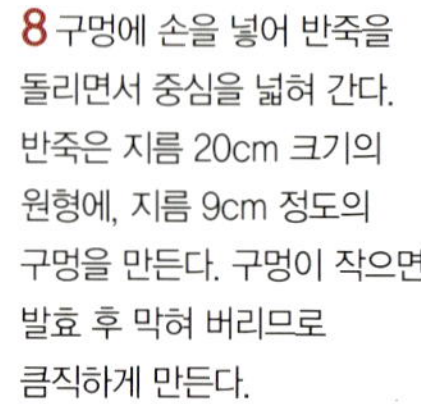

4 반죽을 둥글려 볼에 넣고 랩을 씌워 40분간 발효시킨다.

5 알맞은 발효 상태. 반죽이 2배 정도로 부풀어오르면 발효 완료. 작업대에 여분의 밀가루를 뿌리고, 카드로 볼에서 반죽을 꺼낸다.

6 500g씩 2개로 나눠 손바닥으로 누르고, 가장자리의 반죽을 중앙으로 접어 공기를 뺀다. 양손으로 돌려 가며 반죽을 조여 둥글게 성형한다. 면보를 덮어 15분 정도 휴지시킨다.

7 다시 손바닥으로 눌러 공기를 빼고, 반죽을 단단하게 둥글린 후, 중앙에 손가락 2〜3개를 넣어 구멍을 낸다.

8 구멍에 손을 넣어 반죽을 돌리면서 중심을 넓혀 간다. 반죽은 지름 20cm 크기의 원형에, 지름 9cm 정도의 구멍을 만든다. 구멍이 작으면 발효 후 막혀 버리므로 큼직하게 만든다.

9 버터를 바른 오븐 팬에 반죽을 놓고, 표면에 달걀물을 바른다. 표면이 마르지 않도록 반죽에 닿지 않게 덮개를 씌워 1시간 15분〜1시간 30분 정도 발효시킨다.

10 알맞은 발효 상태. 반죽이 2배 정도로 부풀어오르면 발효 완료. 다시 달걀물을 바르고, 가위 끝에 달걀물을 묻혀 가위집을 넣는다.

11 각설탕을 뿌려 210℃의 오븐에 35분 정도 굽는다.

12 다 구워지면 바로 식힘망에 놓고, 드레인드 체리를 반으로 잘라 장식한다.

BOULE DE BERLIN
베를린의 둥근 빵

FER À CHEVAL VIENNOIS
빈의 말발굽(모양) 빵

베를린의 둥근 빵
BOULE DE BERLIN

이 빵은 프랑스 해안 지역에서 볼 수 있지만, 사실은 20세기 초 베를린 교외에서 처음 만들어졌다. 속에 잼을 채워 넣고 튀긴다.

les ingrédients
pour
15 beignets de 50g

주재료

강력분 400g
생이스트 12g
소금 6g
설탕 40g
우유 170cc
달걀 2개
버터 20g
식용유(튀김용) 적당량

마무리 재료

마멀레이드 등의 잼 적당량
슈거 파우더 적당량

préparation:
순서에 들어가기 전에 프티 팽
오 레 만들 때와 같이 반죽을
치대는데, 우유를 넣을 때 달걀도
함께 넣고 반죽해 45분간
발효시킨다.(62 · 63쪽 ①~⑯)

commentaires:
튀길 때 기름의 온도가 너무
높으면 색이 나기 쉽고,
외관상으로는 잘 익은 것 같아도
속은 그대로인 경우가 있으므로
주의한다.

1 작업대에 여분의 밀가루를
뿌리고, 카드로 볼에서 반죽을
꺼낸다. 손바닥으로 눌러 공기를
빼고, 50g씩 15개로 나눈다.

2 가장자리 반죽을 중앙으로
접어 둥글게 만든다. 거친 면을
밑으로 놓고, 손으로 감싸듯이
덮어 손을 돌리며 반죽을
둥글게 완성한다. 이음새는 잘
붙여 준다.

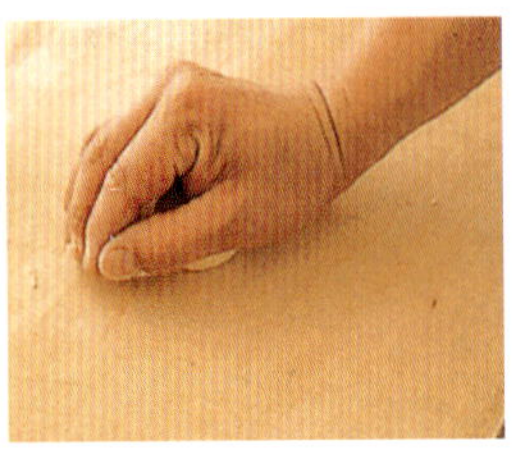

3 면보를 덮어 15분 정도
휴지시킨다.

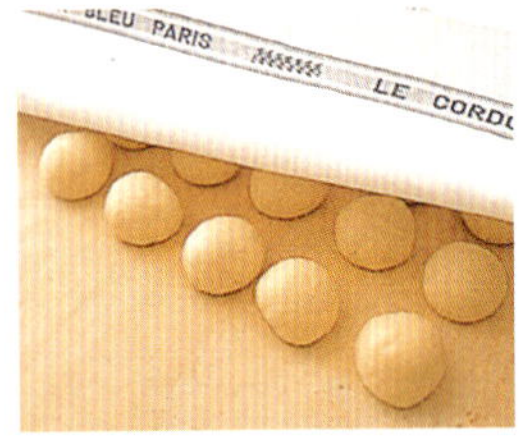

4 다시 손바닥으로 반죽을 눌러
공기를 빼고, 가장자리의 반죽을
중앙으로 접어 다시 둥글려
준다.

5 이음새를 밑으로 놓고, ②와
같은 식으로 손으로 덮어
돌리면서 반죽을 다시 단단하게
둥글려 준다.

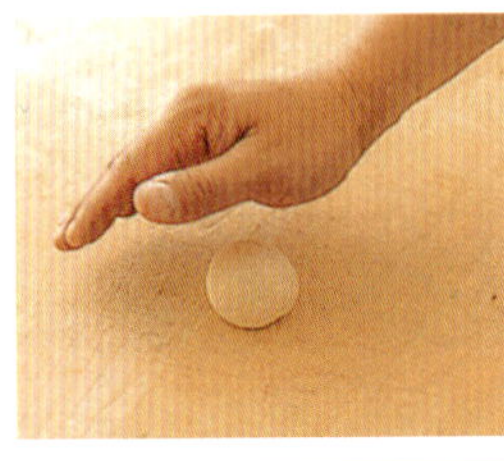

6 오븐 팬에 굴곡을 주어
캔버스 천을 깔고, 간격을 두고
⑤를 나란히 놓는다. 표면이
마르지 않도록 반죽에 닿지
않게 덮개를 씌워 1시간
15분~1시간 30분 정도
발효시킨다.

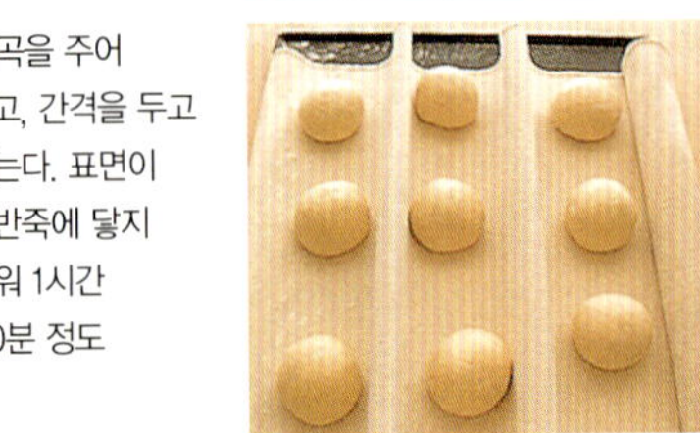

7 알맞은 발효 상태. 반죽이 2배
정도로 부풀어오르면 발효 완료.

8 식용유를 170℃로 가열해
⑦을 넣어 튀긴다.

9 2분 정도 튀기고, 뒤집어
다시 2분 정도 튀긴 후
식힘망에 건져 놓는다.

10 열이 식은 다음 코르네 틀로
빵 측면에 구멍을 낸다.

11 지름 1cm 정도의 둥근
깍지를 끼운 짜주머니에 기호에
맞는 잼을 넣어 ⑩의 구멍을
채운다.

12 슈거 파우더를 뿌려
완성한다.

빈의 말발굽(모양) 빵
FER À CHEVAL VIENNOIS

이름에서 알 수 있듯 오스트리아에서 처음 만들어진 빵으로, 프랑스에는 별로 알려져 있지 않다.
스위스에서는 이 단맛의 작은 빵이 인기.

les ingrédients
pour
9 fers de 50g

주재료
프랑스 빵 전용 밀가루 250g
생이스트 8g
소금 4g
설탕 15g
우유 120cc
달걀 1개

크림 재료
버터 120g
슈거 파우더 120g
달걀 1개
아몬드 파우더 120g
시너먼 파우더 10g

마무리 재료
달걀물 적당량

préparation:
순서에 들어가기 전에 프티 팽
오 레 만들 때와 같이 반죽을
치대는데, 우유를 넣을 때 달걀도
함께 넣고 반죽해 45분간
발효시킨다.(62 · 63쪽 ①~⑯)

1 작업대에 여분의 밀가루를
뿌리고, 카드로 볼에서 반죽을
꺼낸다. 35g씩 12개로 나눈다.

2 손바닥으로 눌러 공기를
빼고, 가장자리 반죽을 중앙으로
접는다. 거친 면을 밑으로 놓고,
손으로 감싸듯이 덮어 손을
돌리며 반죽을 둥글게 만들고,
이음새는 잘 붙여 준다.

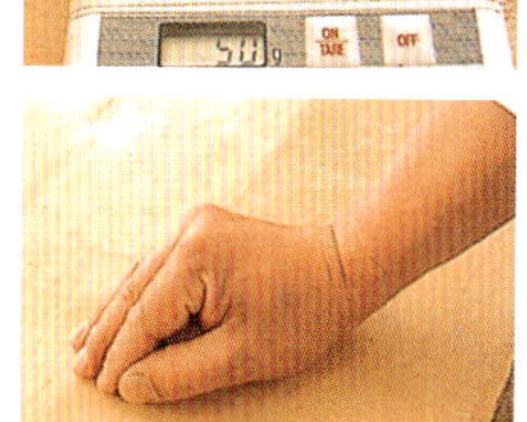

3 ②의 반죽을 타원형으로
성형한 다음, 면보를 덮어 15분
정도 휴지시킨다.

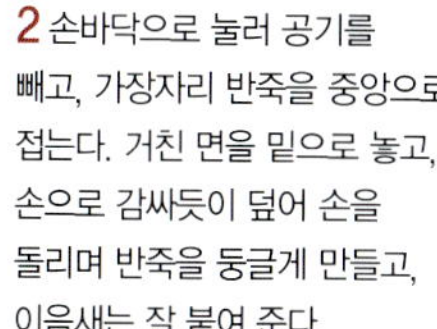

4 크림을 만든다. 실온에서
부드러워진 버터를 볼에 넣고
포마드 상태로 만들어, 슈거
파우더를 넣고 잘 섞은 다음,
풀어 놓은 달걀을 조금씩 넣어
준다.

5 ④에 아몬드 파우더와 시너먼
파우더를 넣고, 공기가
들어가도록 거품기로 저어
부드러운 상태로 만든다.

6 ③의 반죽을 손바닥으로 눌러
공기를 빼고, 밀대로 삼각형으로
편 다음 잠시 휴지시킨다.

7 양손으로 반죽을 잡아당겨 한
변이 15cm 정도인 삼각형으로
성형한다.

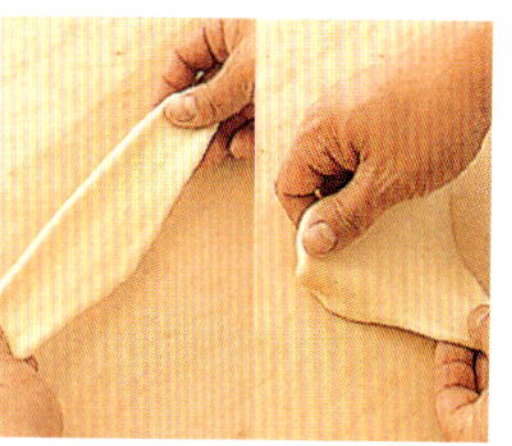

8 지름 1cm의 깍지를 끼운
짜주머니에 ⑤를 넣고, 사진과
같이 ⑦의 반죽 윗부분에
양끝을 1cm 정도 남기고
크림을 짜낸다.

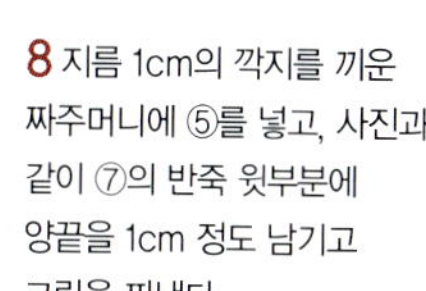

9 크림을 감싸듯이 윗부분의
반죽을 접어 양손 끝으로
이음새를 단단히 눌러 준다.

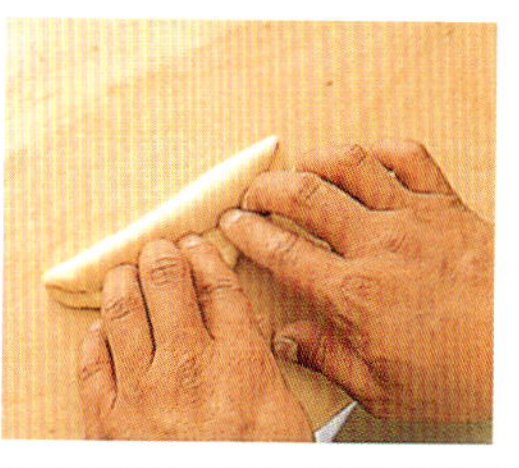

10 ⑨를 그대로 말고 양손으로
반죽을 굴려 길이 20~25cm의
막대 모양으로 성형한다.

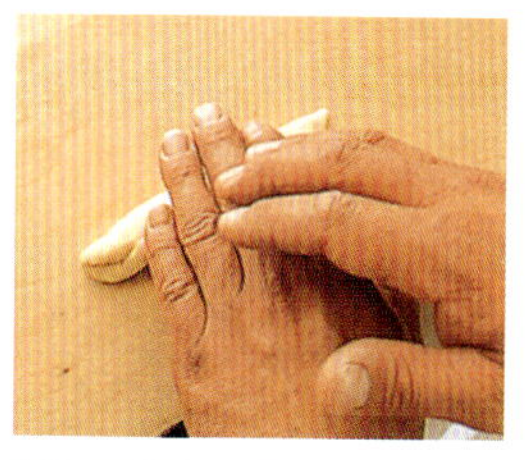

11 이음새를 밑으로 놓고
말발굽 모양이 되도록 구부려,
버터를 바른 오븐 팬에 놓는다.
표면이 마르지 않도록 반죽에
닿지 않게 덮개를 씌워 1시간
15분~1시간 30분 정도
발효시킨다.

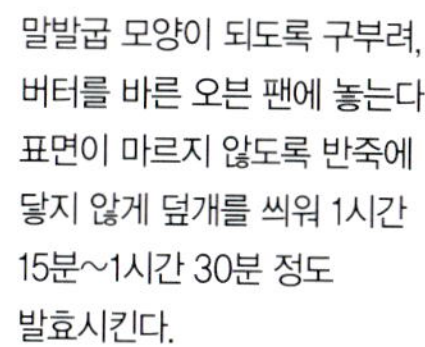

12 알맞은 발효 상태. 반죽이
2배 정도로 부풀어오르면 발효
완료. 반죽 표면에 달걀물을
발라 200℃의 오븐에 18분
정도 굽는다.

식빵
PAIN DE MIE

여러 앵글로색슨의 나라에서 널리 즐기는 빵. 샌드위치용으로 아시아 국가에서도 사랑받고 있으며,
프랑스에서는 카나페용으로 사용된다.

les ingrédients
pour
2 pains de 480g

matériel:
∅ 19×10cm의 식빵 틀 (2개)

주재료
프랑스 빵 전용 밀가루 250g
강력분 250g
생이스트 25g
소금 10g
설탕 15g
우유 50cc
물 200cc
달걀 2개
버터 100g

마무리 재료(틀에 뚜껑이 없는 경우)
달걀물 적당량

préparation:
순서에 들어가기 전에 프티 팽
오 레 만들 때와 같이 반죽을
치대는데, 우유를 넣을 때 물과
달걀도 함께 넣고 반죽해 35분간
발효시킨다.(62·63쪽 ①~⑯)

1 작업대에 여분의 밀가루를
뿌리고 카드로 볼에서 반죽을
꺼낸다. 480g씩 2개로 나눈다.
가장자리의 반죽을 중앙으로
접어 가며, 손바닥으로 눌러
공기를 뺀다.

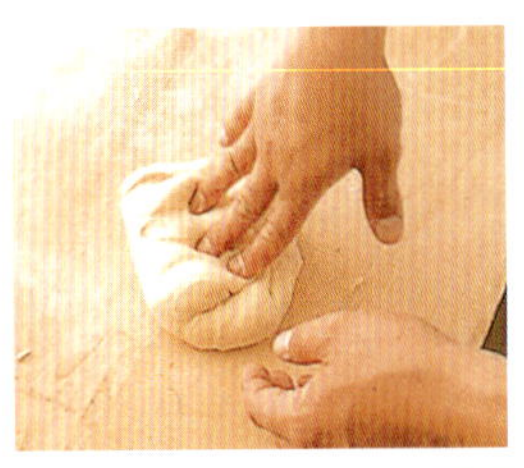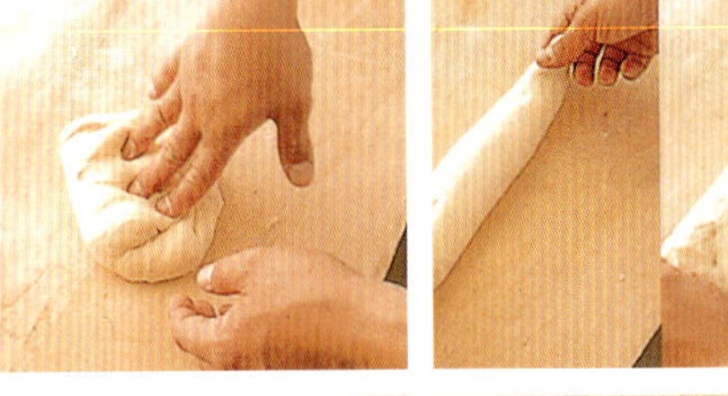

2 거친 면을 밑으로 놓고,
양손으로 돌려 가며 반죽을
조여 둥글게 만들어 준다.

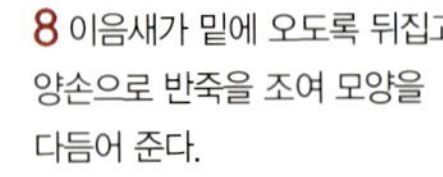

3 면보를 덮어 15분 정도
휴지시킨다.

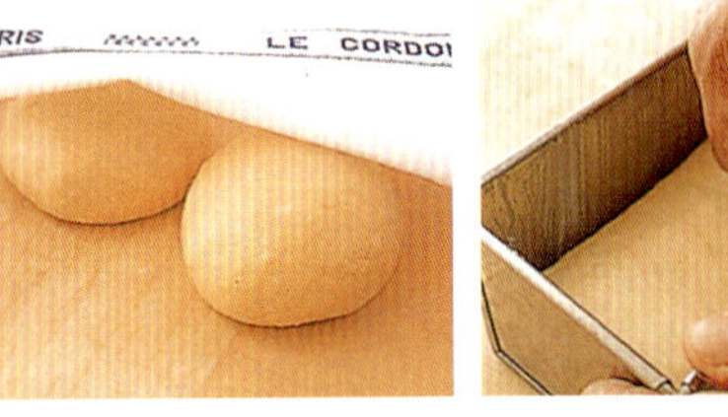

4 거친 면을 위로 놓고,
손바닥으로 눌러 공기를 뺀 후
한쪽의 3분의 1을 접어
손바닥으로 눌러 공기를 뺀다.
반대쪽도 접어 마찬가지로
작업한다.

5 다시 반으로 접어 이음새를
단단히 눌러 붙인다.

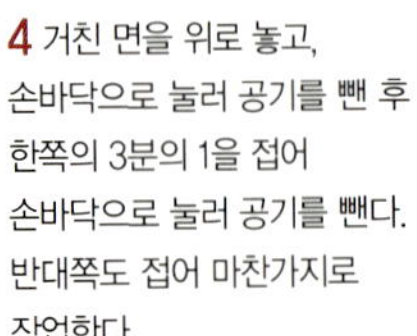

6 이음새를 밑으로 놓고,
양손을 중앙에 겹쳐 반죽을
굴리고 누르며, 좌우로 넓혀
늘여 준다. 25cm 정도의
길이로 늘여 양끝은 약간
가늘게 한다.

7 이음새를 위로 놓고, 양끝을
접어 19cm 정도의 원통형을
만든다.

8 이음새가 밑에 오도록 뒤집고
양손으로 반죽을 조여 모양을
다듬어 준다.

9 버터를 바른 틀에 넣고,
손으로 위에서 가볍게 누른다.

10 뚜껑이 있는 틀의 경우는
발효 상태를 알 수 있도록
뚜껑을 약간 비스듬히 덮고,
뚜껑이 없는 경우는 랩을 씌워
1시간 15분~1시간 30분 정도
발효시킨다.

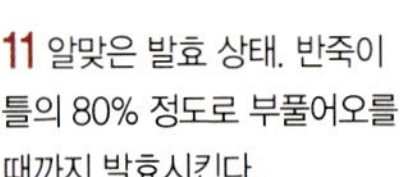

11 알맞은 발효 상태. 반죽이
틀의 80% 정도로 부풀어오를
때까지 발효시킨다.

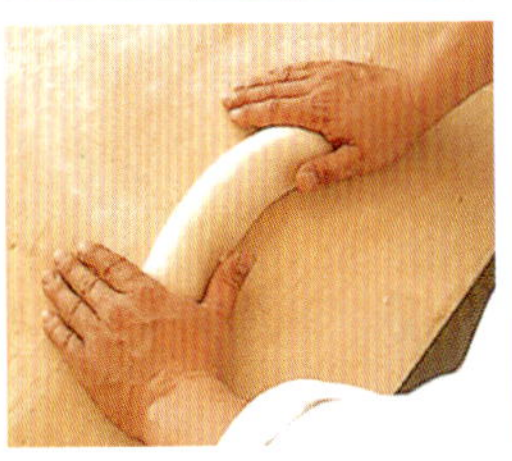

12 뚜껑이 있는 경우는 뚜껑을
덮고, 뚜껑이 없는 경우는
표면에 달걀물을 발라 중앙에
세로로 칼집을 한 줄 넣는다.
180℃의 오븐에 30분 정도
굽는다.

MÉTEIL AUX DEUX COULEURS
2색 빵

BISCOTTE
비스코트

2색 빵
MÉTEIL AUX DEUX COULEURS

이 빵은 아시아와 유럽의 맛이 잘 조화되어 있으며, 매끄러운 감촉과 부드러운 맛으로 아시아에서 사랑받고 있다.

les ingrédients
pour
1 pain de 420g

matériel:
ø 19×10cm의 식빵 틀 (1개)

주재료

강력분 350g
생이스트 12g
소금 4g
설탕 6g
우유 180cc
달걀 1개
버터 25g
인스턴트 커피 4g

마무리 재료
달걀물 적당량

préparation:
순서에 들어가기 전에 프티 팽
오 레 만들 때와 같이 반죽을
치대는데, 우유를 넣을 때 물과
달걀도 함께 넣어 2등분 한다.
한쪽에는 커피를 넣고 골고루
섞일 때까지 반죽해 둥글리기
하고, 다른 한쪽도 둥글리기 하여
각각 45분간 발효시킨다.
(62 · 63쪽 ①∼⑯)

commentaires:
절단 면의 색이 아름다운 빵. 2색
반죽의 성형 방법에 따라 여러
가지 모양이 생겨난다.

1 작업대에 여분의 밀가루를
뿌리고, 각각 카드로 볼에서
반죽을 꺼낸다. 손바닥으로 눌러
공기를 뺀다.

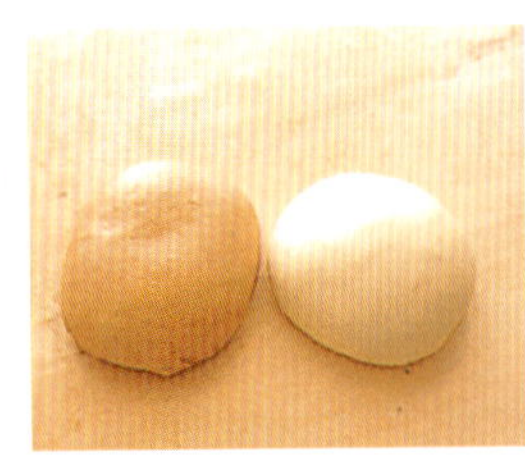
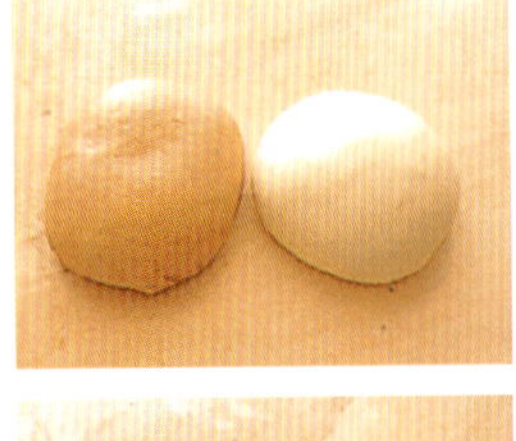

2 한쪽의 3분의 1을 접어
이음새를 눌러 붙이고,
손바닥으로 눌러 공기를 뺀다.
반대쪽도 접어 마찬가지로
작업한 다음, 이음새를 단단히
눌러 붙인다.

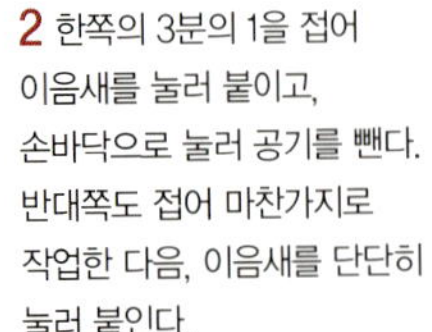

3 다시 반으로 접어, 손끝으로
이음새를 눌러 붙이고, 이음새
부분을 밑으로 놓고, 막대
모양을 만들어 준다.

4 면보를 덮어 15분 정도
휴지시킨 후, 이음새를 위로
놓고 손바닥으로 눌러 공기를
뺀다.

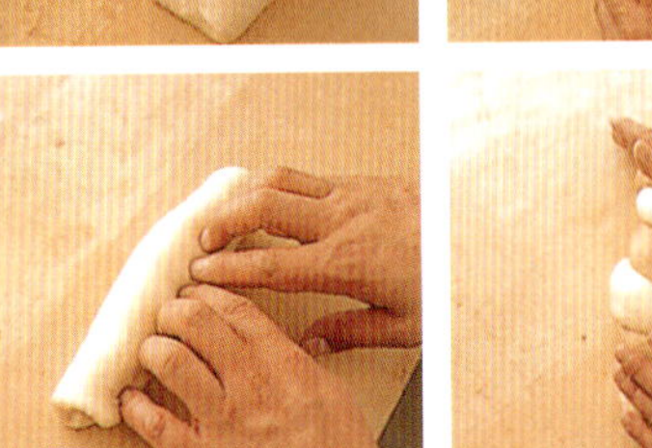

5 다시 ②, ③과 같은 방식으로
막대 모양으로 만든다. 이음새
부분을 밑으로 놓고, 중앙에
양손을 겹쳐 올려 반죽을 조여
준다. 반죽을 굴리면서 좌우로
넓혀 35cm 정도의 길이로 늘여
준다.

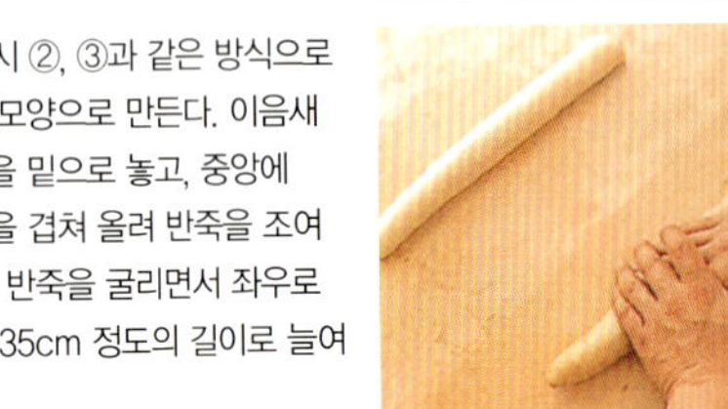

6 2가지 색의 반죽을 교차시켜
놓는다.

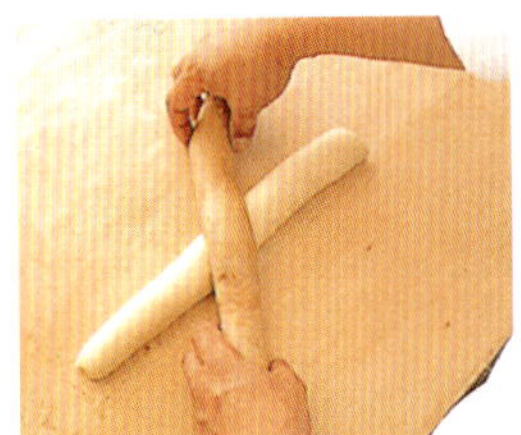

7 밑의 반죽 오른쪽을 위로
왼쪽을 아래로 해서 위의
반죽에 꼬아 준다.

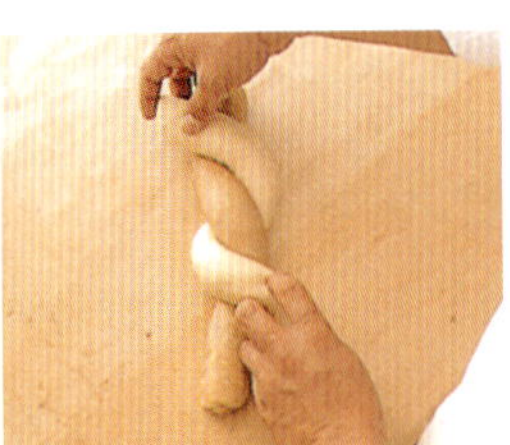

8 다시 밑의 반죽을 위로 꼬아
꽈배기 모양을 만든다.

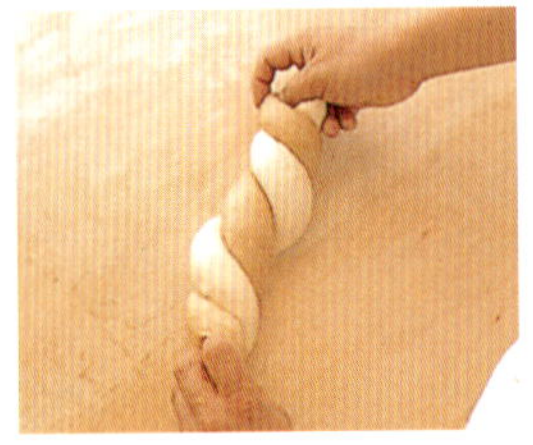

9 양끝을 잡고 굴려 2가지 색의
반죽이 떨어지지 않도록 붙여
준다.

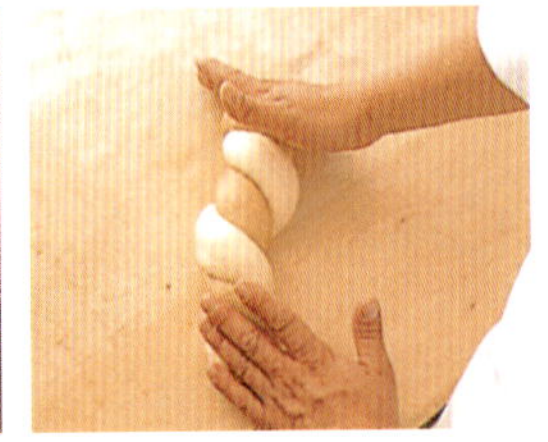

10 틀에 맞춰 모양을 정돈한다.

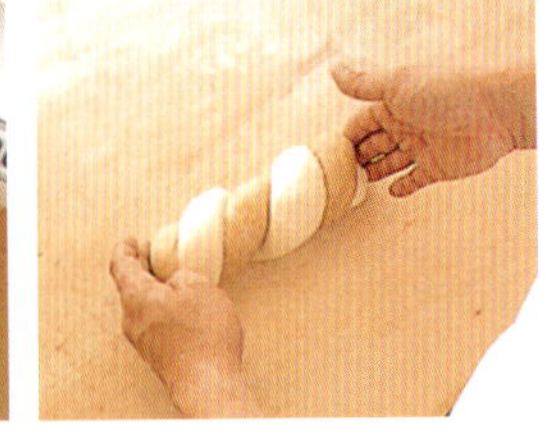

11 버터를 바른 틀에 ⑩의
반죽을 넣고, 표면이 마르지
않도록 반죽에 닿지 않게
덮개를 씌워 1시간 15분∼1시간
30분 정도 발효시킨다.

12 알맞은 발효 상태. 반죽이
2배 정도로 부풀어오르면, 반죽
표면에 달걀물을 발라 220℃의
오븐에 35분 정도 굽는다.

비스코트
BISCOTTE

다이어트를 위해 프랑스에서 만들어진 빵이다.

les ingrédients
pour
3 pains de 300g

matériel :
∅ 17×8cm의 케이크 틀 (3개)

주재료

강력분 500g
생이스트 25g
소금 10g
설탕 30g
우유 50cc
물 250cc
버터 70g

마무리 재료

달걀물 적당량

préparation :
순서에 들어가기 전에 프티 팽
오 레 만들 때와 같이 반죽을
치대는데, 우유를 넣을 때 물을
함께 넣고 반죽해 45분간
발효시킨다.(62 · 63쪽 ①～⑯)

commentaires :
이 빵은 몇십 장씩 포장해 팔고
있다. 오래 보관할 수 있기 때문에
빵을 살 시간이 없을 때도 편리.
습기가 없는 곳에 보관하고 아침
식사에 버터나 잼을 발라 즐긴다.

1 작업대에 여분의 밀가루를
뿌리고, 카드로 볼에서 반죽을
꺼낸다. 300g씩 3개로 나눠
작업대에 내려치고, 반으로
접는다.

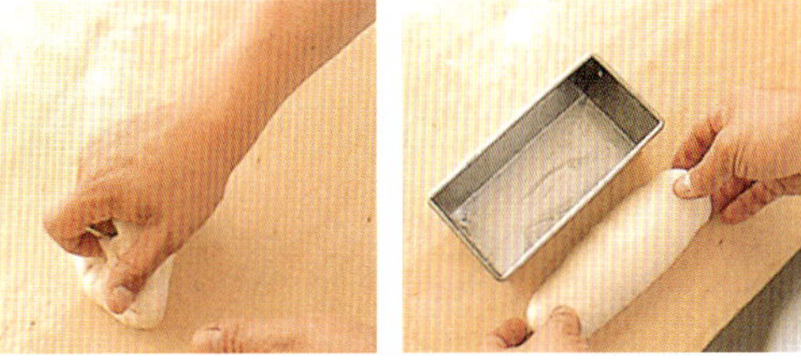

2 90도씩 방향을 바꿔 가며
①을 여러 번 반복한 다음,
양손으로 돌려 가며 반죽을
조여 둥글게 만들어 준다.

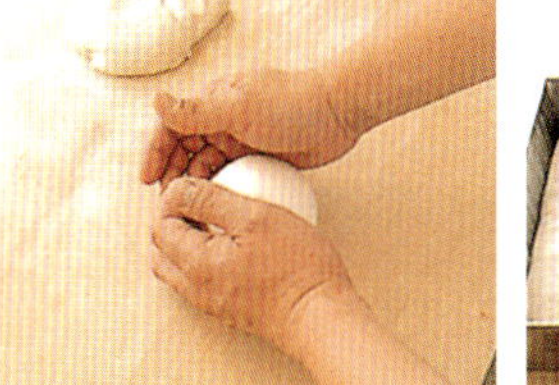

3 면보를 덮어 15분 정도
휴지시킨다.

4 거친 면을 위로 놓고,
손바닥으로 눌러 공기를 뺀 후,
한쪽의 3분의 1을 접어
이음새를 눌러 붙인다. 반대쪽도
접어 마찬가지로 작업해 공기를
뺀다.

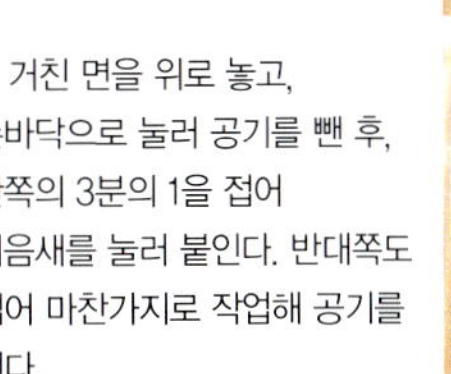

5 다시 반으로 접어, 손끝으로
이음새를 눌러 붙여 준다.

6 이음새 부분을 밑으로 놓고,
중앙에 양손을 겹쳐 올려
반죽을 눌러 조이며, 좌우로
넓혀 반죽을 늘여 준다. 23cm
정도의 길이로, 양끝은 약간
가늘게 만들어 준다.

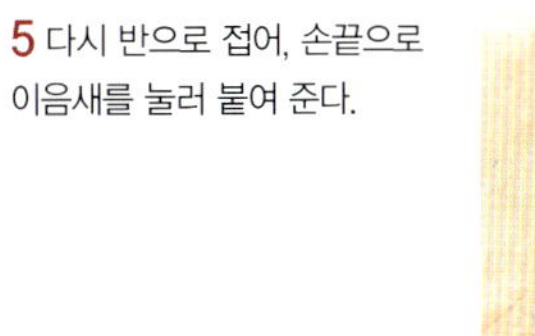

7 이음새 부분을 위로 놓고,
양끝을 접어 틀의 길이에 맞춰
원통형으로 만든다. 이음새를
밑으로 놓고, 반죽을 조이면서
모양을 정돈한다. 버터를 바른
틀에 넣고 위에서 가볍게 눌러
준다.

8 반죽은 틀의 2분의 1 정도가
좋다. 표면이 마르지 않도록
반죽에 닿지 않게 덮개를 씌워
1시간 15분～1시간 30분 정도
발효시킨다.

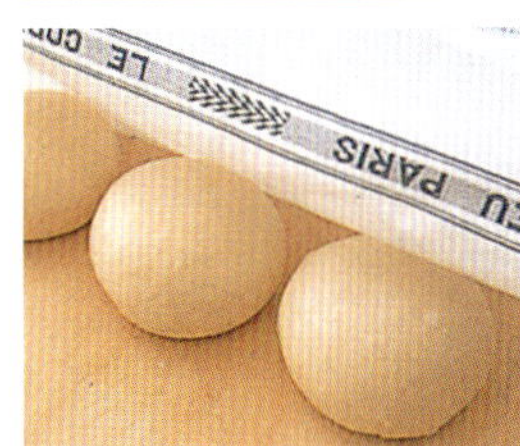

9 알맞은 발효 상태. 반죽이
2배 정도로 부풀어오르면, 반죽
표면에 달걀물을 발라 220℃의
오븐에서 35분 정도 굽는다.

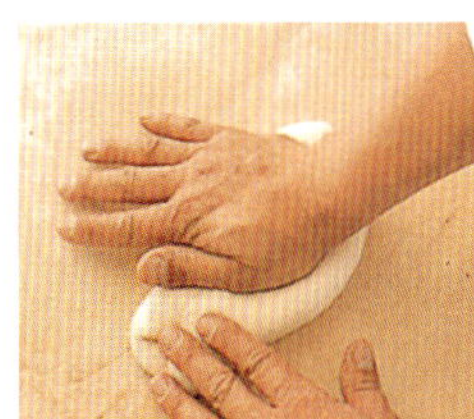

10 틀에서 꺼내 식힘망에 놓고,
식은 다음 0.8cm 두께로
슬라이스한다.

11 오븐 팬에 나란히
늘어놓는다.

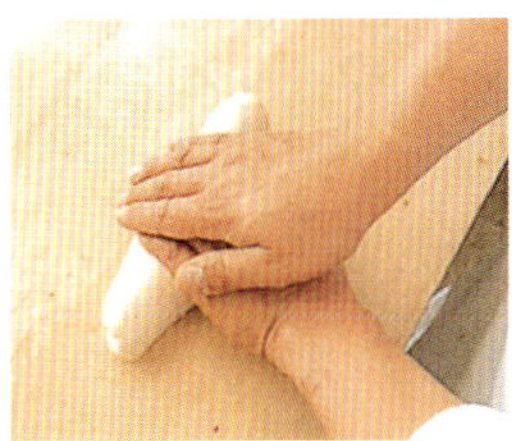

12 220℃의 오븐에, 도중에 한
번 뒤집어, 양면에 연갈색이 날
때까지 굽는다.

치즈를 넣은 브리오슈
BRIOCHE FROMAGE

별미의 이 브리오슈는 캉탈이나 생넥테르 치즈로 유명한 오베르뉴 지방의 한 요리사가 고안해 낸 빵이다.

les ingrédients
pour
1 brioche de 480g

matériel:
∮ 19×10cm의 식빵 틀 (1개)

주재료
프랑스 빵 전용 밀가루 180g
통밀 가루 20g
생이스트 10g
소금 4g
통후추(간 것) 1g
우유 80cc
달걀 1개
녹인 버터 45g
치즈 100g

마무리 재료
달걀물 적당량

préparation:
순서에 들어가기 전에 프티 팽
오 레 만들 때와 같이 반죽을 8분
정도 치대는데, 우유를 넣을 때
달걀을 함께 넣고 녹인 버터도
넣는다.(62쪽 ①～⑭)

1 반죽을 넓게 펴고, 깍둑썰기
한 치즈를 얹는다.

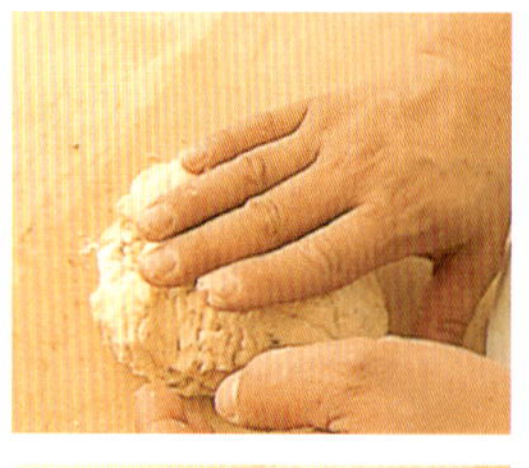

2 작업대에 여분의 밀가루를
뿌리고, 반죽을 내려치고, 그
반동으로 공기가 들어가도록
반으로 접어(90도씩 방향을
바꿔 가며 여러 번 반복한다),
공기를 뺀 다음 2분 정도
치댄다.

3 치즈가 골고루 섞이고 표면이
매끄러워지면, 이음새를 밑으로
놓고 양손으로 돌려 가며
반죽을 조여 둥글게 만들어
준다.

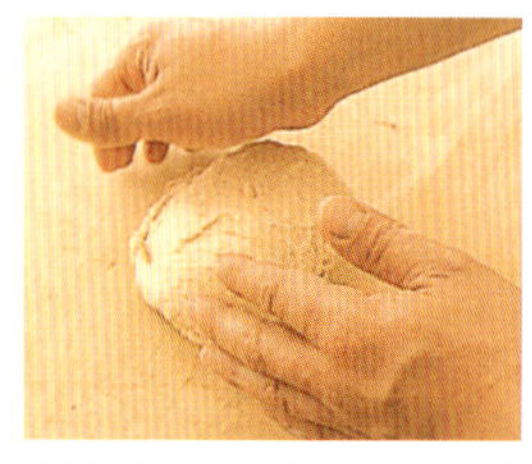

4 볼에 넣고, 랩을 씌워 45분
정도 발효시킨다.

5 알맞은 발효 상태. 반죽이
2배 정도로 부풀어오르면,
카드로 볼에서 반죽을 꺼내 ②,
③과 같은 방법으로 둥글려
면보를 덮고 15분 정도
휴지시킨다.

6 거친 면을 위로 놓고,
손바닥으로 눌러 공기를 뺀 후,
한쪽의 3분의 1을 접어
이음새를 눌러 붙인다. 반대쪽도
접어 마찬가지로 작업해 공기를
뺀다.

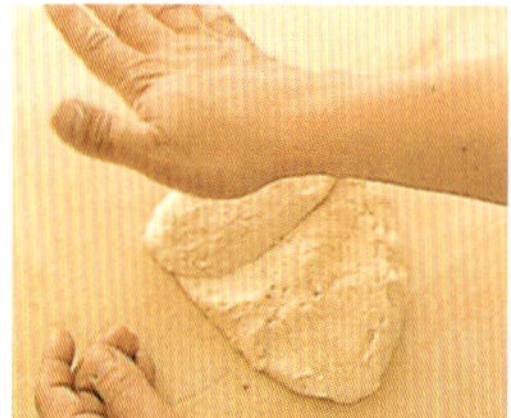

7 다시 반으로 접어, 손끝으로
이음새를 눌러 붙여 준다.

8 이음새 부분을 밑으로 놓고
중앙에 양손을 겹쳐 올린 후,
반죽을 누르고 조이면서 좌우로
넓혀 반죽을 늘여 준다. 23cm
정도의 길이로 양끝은 약간
가늘게 만들어 준다.

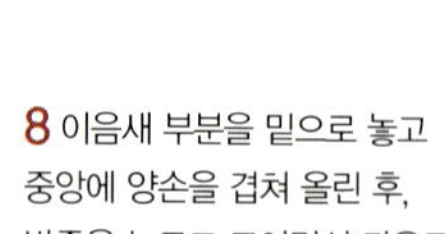

9 이음새 부분을 위로 놓고,
양끝을 접어 틀의 길이에
맞춘다.

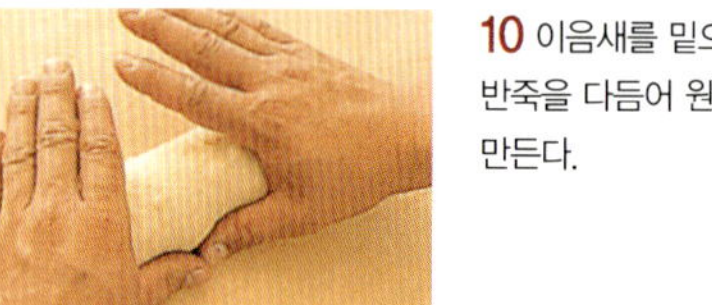

10 이음새를 밑으로 놓고,
반죽을 다듬어 원통형으로
만든다.

11 버터를 바른 틀에 넣고
위에서 가볍게 누른 뒤, 표면이
마르지 않도록 반죽에 닿지
않게 덮개를 씌워 1시간 20분
정도 발효시킨다.

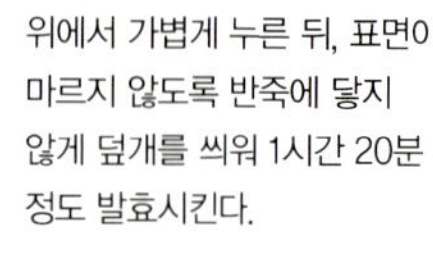

12 알맞은 발효 상태. 반죽이
2배 정도로 부풀어오르면, 반죽
표면에 달걀물을 발라 210℃의
오븐에 35분 정도 굽는다.

버터 피자
PÂTE À PIZZA

여기에 쓰이는 반죽은 약간 특이한 것으로, 틀에 넣거나 그대로, 주로 소금기가 있는 재료와 함께 사용한다.

les ingrédients
pour
2 pizzas de 270g

주재료
프랑스 빵 전용 밀가루 250g
생이스트 15g
소금 4g
물 70cc
달걀 2개
올리브 오일 1½큰술
버터 100g
옥수수 가루 적당량

토마토 소스 재료
양파(잘게 썬 것) 1개
당근(잘게 썬 것) 1토막
올리브 오일 2큰술
토마토 페이스트 30g
홀 토마토 1캔(400g)
타임 적당량
월계수 잎 적당량
소금 · 후춧가루 적당량씩

토핑 재료
양파, 피망, 붉은 피망, 양송이
버섯, 블랙 올리브, 앤초비,
토마토, 살라미 소시지, 그뤼에르
치즈 등 적당량씩

préparation:
순서에 들어가기 전에 프티 팽
오 레 만들 때와 같이 반죽을
치대는데, 우유 대신 물과 달걀을
넣고, 버터를 넣을 때 올리브 오일을
함께 넣고 반죽해 1시간 30분간
발효시킨다.(62 · 63쪽 ①~⑯)

commentaires:
이 반죽은 피자 외에 피살라디에르
(프랑스 남부에서 인기 있는 요리.
양파 맛이 살아 있는 타르트다.
샤브리나 시리즈 1권 52쪽 참조),
타르트 등 여러 가지에 이용할 수
있다. 피자의 토핑 재료나 크기도
기호에 맞게 선택한다.

1 작업대에 여분의 밀가루를
뿌리고, 카드로 볼에서 반죽을
꺼낸다. 270g씩 2개로 나눠
작업대에 반죽을 내려치고,
반으로 접어(90도씩 방향을
바꿔 가며 여러 번 반복한다)
공기를 뺀다.

2 이음새를 밑으로 놓고,
양손으로 돌려 가며 반죽을
조여 둥글게 만든 다음, 면보를
덮어 15~20분 정도
휴지시킨다.

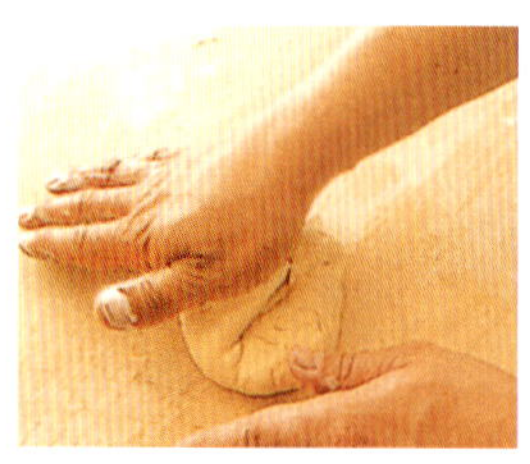

3 토마토 소스를 만든다.
냄비에 올리브 오일을 넣고
가열해 양파 · 당근을 볶은 후,
토마토 페이스트와 홀 토마토
· 타임 · 월계수 잎을 넣고
끓인다. 소금 · 후춧가루로 간을
해서 식힌다.

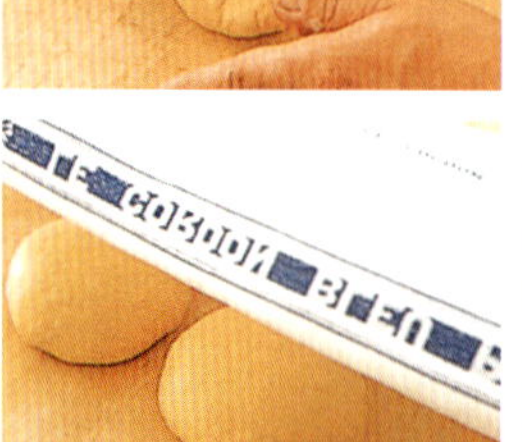

4 ②의 반죽의 거친 면을 위로
놓고, 손바닥으로 눌러 공기를
뺀다.

5 주먹을 쥐고 손등 쪽에
밀가루를 묻혀 가볍게 눌러
준다.

6 다시 여러 번 꾹꾹 눌러
반죽을 둥글게 늘려 준다.

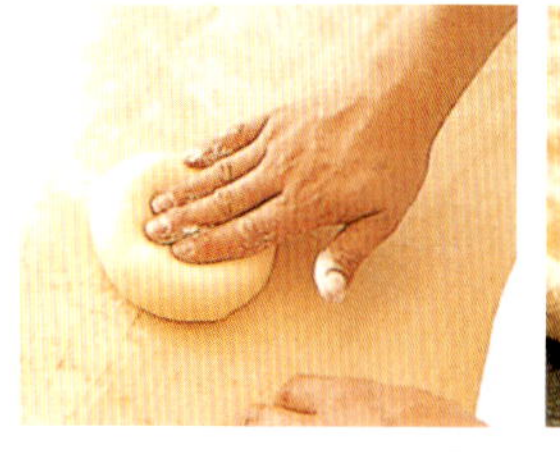

7 반죽을 들어올려 양손으로
돌려 가며 반죽을 늘려 둥글게
성형한다.

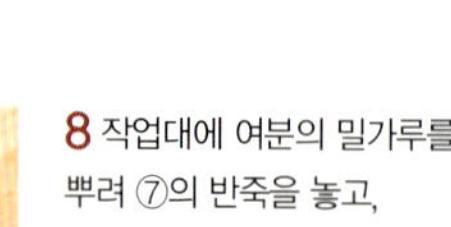

8 작업대에 여분의 밀가루를
뿌려 ⑦의 반죽을 놓고,
손끝으로 모양을 다듬어 준다.

9 바트에 옥수수 가루를 넣고,
⑧의 반죽이 망가지지 않도록
조심스럽게 가장자리에 가루를
묻힌다.

10 버터를 바른 오븐 팬에 ⑨를
놓고, 소스가 넘치지 않을
정도로 가장자리의 반죽을 높여,
피자 도우의 형태를 만들어
준다.

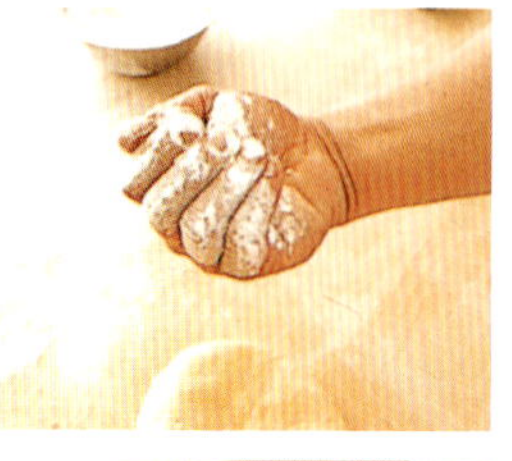

11 반죽에 ③의 소스를 넣고
스푼으로 골고루 펴준다.

12 기호에 맞게 토핑을 얹어,
220℃의 오븐에 20분 정도
굽는다.

PÂTE LEVÉE
FEUILLETÉE
끼워 넣은 빵

CROISSANTS, PAINS AU CHOCOLAT
크루아상, 초콜릿을 넣은 빵

크루아상, 초콜릿을 넣은 빵
CROISSANTS, PAINS AU CHOCOLAT

지금은 어느 베이커리에나 있는 초승달 모양의 크루아상. 고소한 버터 냄새와 바삭바삭한 맛이 이 빵의 생명이다.

les ingrédients
pour
7 croissants et
8 pains au chocolat

주재료
강력분 200g

박력분 200g
생이스트 12g
소금 9g
설탕 35g
탈지분유 12g
물 200cc
달걀 1개

발효 반죽 100g
버터(끼워넣기용) 250g
바통 쇼콜라(막대 모양 초콜릿) 8개

마무리 재료
달걀물 적당량

commentaires:

크루아상 반죽은 버터가 녹지 않도록 차가운 상태로 반죽을 유지하며 작업한다. 반죽이 부드러워지면 냉장고에 넣어 휴지시킨다. 또, 과정 ⑱에서는 반죽과 버터의 강도가 같은 정도가 바람직하다. 너무 단단하면 버터가 퍼지지 않고 끊어져 버리고, 부드러우면 작업 중에 녹아 버린다.

1 작업대에 강력분과 박력분을 놓는다.

2 ①을 섞어 중앙에 홈을 판다.

3 홈을 넓혀 안에 각각 소금, 설탕, 탈지분유, 생이스트를 놓는다.

4 풀어 놓은 달걀을 넣고, 손끝으로 섞어 가며 물을 넣는다.

5 응어리가 생기지 않도록 가운데부터 조금씩 섞어 준다.

6 내부의 반죽이 흘러나오지 않을 정도가 되면, 카드로 가장자리의 밀가루를 긁어 모은다.

7 반죽을 쥐어 으깨면서 밀가루를 섞어 준다.

8 어느 정도 반죽이 굳어지면, 카드로 완전히 긁어 모아 한 덩어리로 만든다.

9 반죽을 작업대에 내려치고, 잡아당겨 글루텐을 형성시킨다.

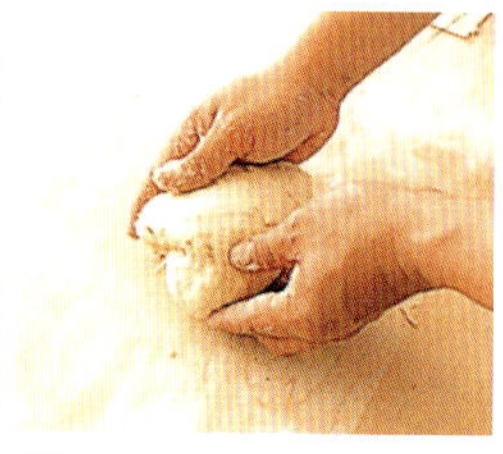

10 ⑨의 반동으로 공기를 넣으면서 반으로 접어 90도씩 방향을 바꿔 가며 치고 접기를 반복한다.

11 ⑩의 반죽을 넓게 펴서 발효 반죽을 얹어 반으로 접는다.

12 반죽이 매끈해질 때까지 다시 반죽을 작업대에 내려치고, 접는 ⑨, ⑩의 과정을 반복한다.

13 이음새를 밑으로 놓고, 양손으로 돌려 가며 반죽을 밑바닥으로 잡아당겨 둥글린다.

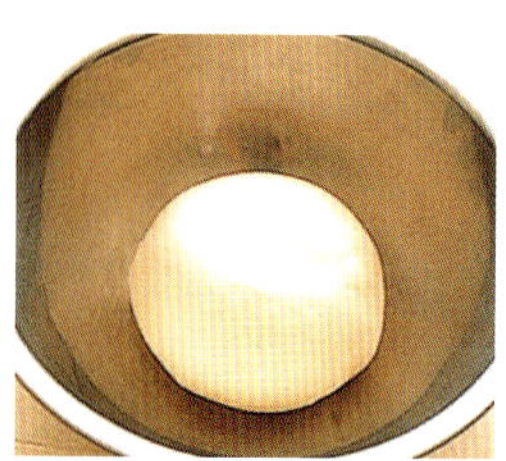

14 볼에 넣고, 랩을 씌워 45분 정도 발효시킨다.

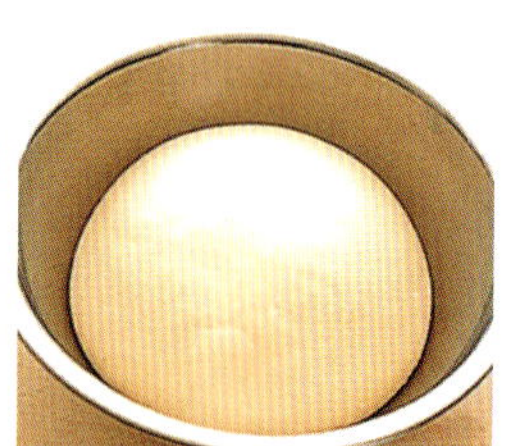

15 알맞은 발효 상태. 반죽이 2배 정도로 부풀어오를 때까지 발효시킨다.

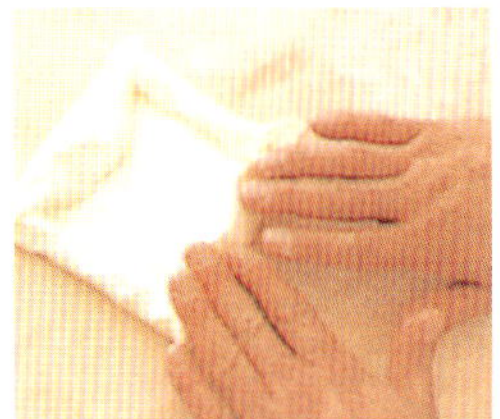

16 버터를 밀대로 두드려 얇게 펴서 사각형으로 만든다.

17 작업대 위에 여분의 밀가루를 뿌리고, ⑮의 반죽을 카드로 볼에서 꺼낸다. 밀대로 버터 크기의 2배 정도가 되도록 직사각형으로 넓혀 준다.

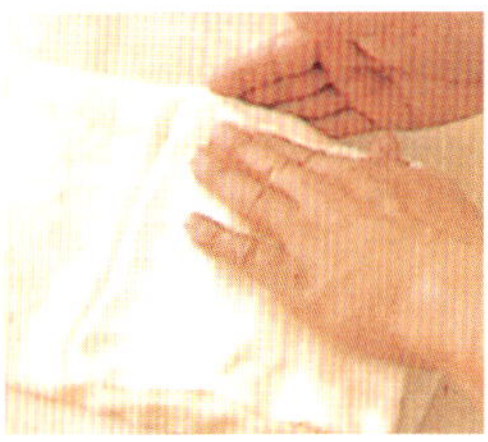

18 반죽의 반에 ⑯의 버터를 놓는다.

19 버터를 감싸듯이 반죽을 반으로 접어, 버터가 비어져 나오지 않도록 반죽의 상면을 돌려가며 단단히 붙여 준다.

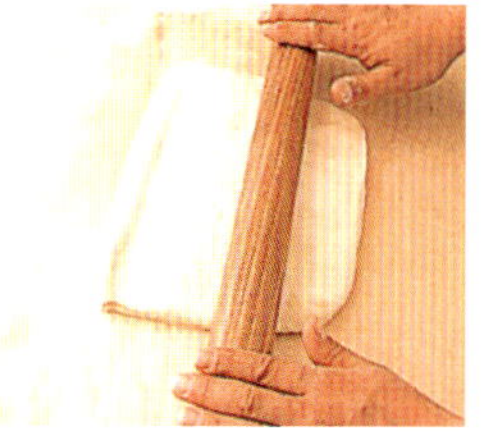

20 불룩해진 면을 위로 놓고, 밀대를 상하로 움직여 20cm 길이로 반죽을 민다.

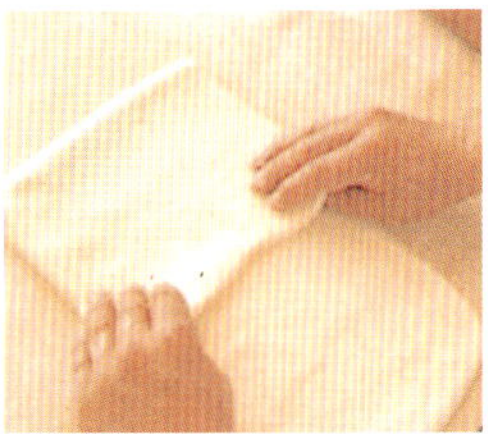

21 방향을 90도 바꿔 길이가 55cm 정도 되게 반죽을 민다. 여분의 가루를 털어내고, 세 번 접는다.

22 밀대로 반죽을 가볍게 두드리고, 방향을 90도 바꿔 세로로 늘려 준다.

23 오븐 팬에 테트론 페이퍼를 깔고, 반죽을 놓은 다음 랩을 씌워 냉장고에 20분간 넣어 둔다. 이것을 2회 더 반복한다(세 번 접는 작업을 모두 3회 반복한다).

24 밀대로 반죽을 밀어 40×50cm의 크기로 늘리고, 세로로 2등분 한다.

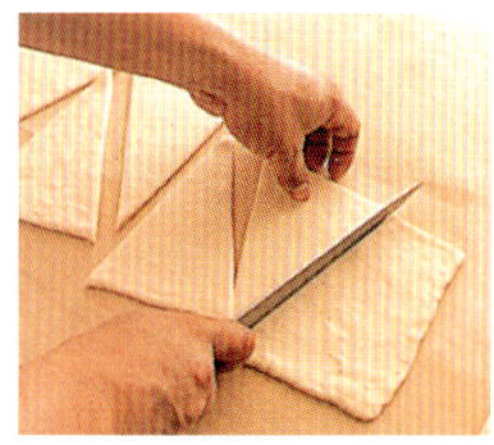

25 크루아상을 만든다. 2등분 한 반죽 1장을 7개의 이등변 삼각형으로 자른다.

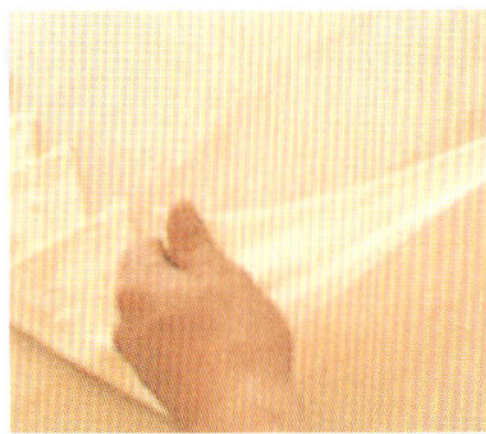

26 이등변 삼각형 반죽의 상하를 가볍게 당겨 늘여 준다.

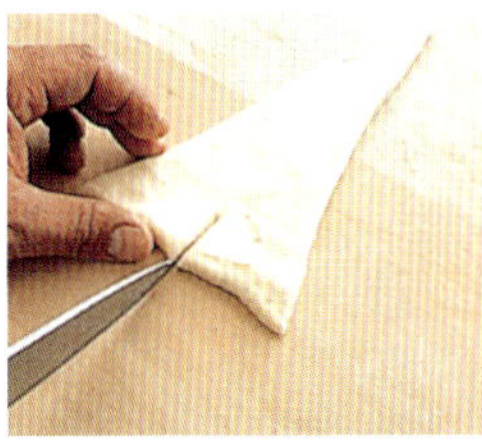

27 반죽의 밑변 중앙에 세로로 1cm의 칼집을 넣는다.

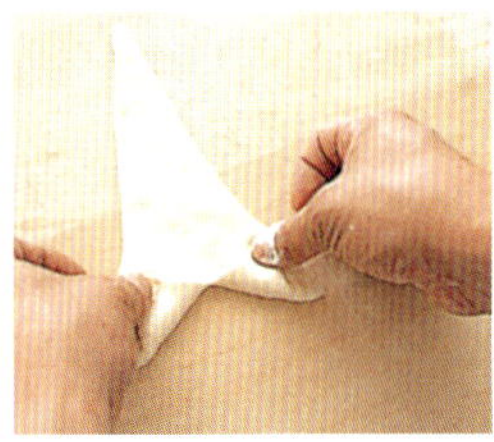

28 칼집을 넣은 부분을 좌우로 벌려 손끝으로 눌러 준다.

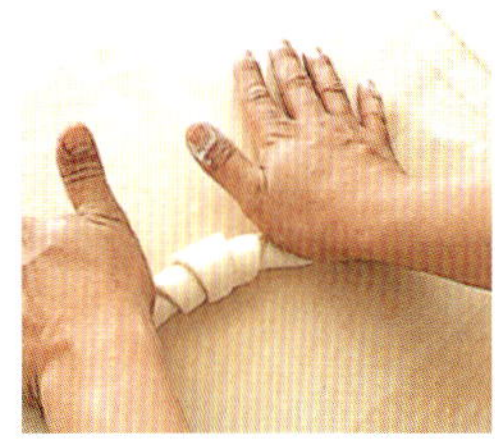

29 양손으로 반죽을 말아 초승달 모양으로 만든다.

30 팽 오 쇼콜라를 만든다. ㉔의 남은 반죽을 초콜릿 길이의 2배 폭으로 늘려 세로로 2등분 한다.

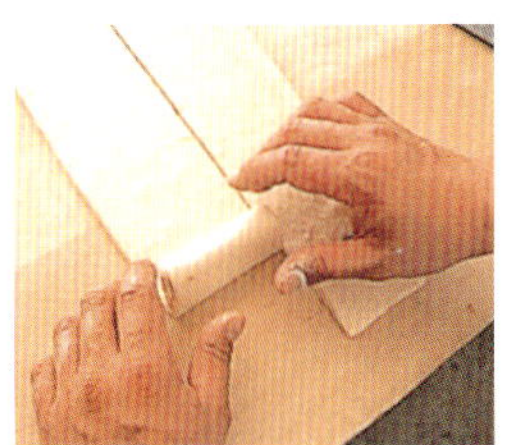

31 반죽에 초콜릿을 놓고 말아 준다.

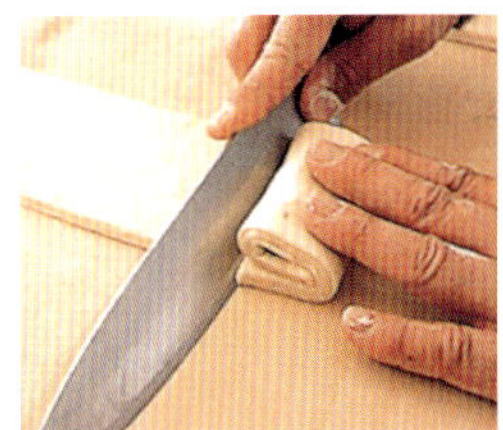

32 말아 놓은 끝이 반죽 길이의 4분의 1 정도 안쪽에 오도록 칼을 약간 뉘어 자른다. 1장의 반죽으로 4개를 만든다.

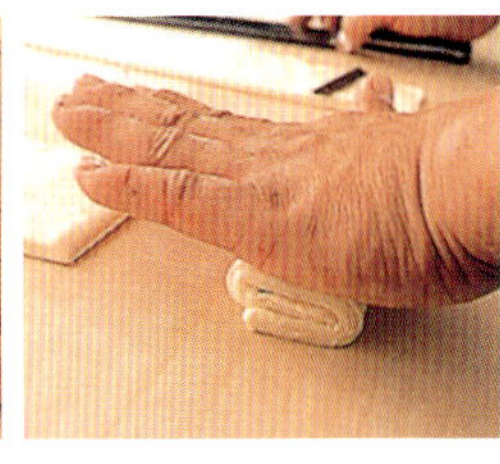

33 손바닥으로 가볍게 눌러 준다. 버터를 바른 오븐 팬에 크루아상·팽 오 쇼콜라를 각각 말아 놓은 끝이 밑에 오도록 놓는다.

34 반죽 표면에 달걀물을 바르고, 직접 반죽에 닿지 않게 덮개를 씌워 1시간~1시간 30분 정도 발효시킨다.

35 알맞은 발효 상태. 반죽이 2배 정도로 부풀어오르면, 다시 반죽 표면에 달걀물을 발라 220℃의 오븐에 15~18분 굽는다.

버터를 끼워 넣은 브리오슈
BRIOCHE FEUILLETÉE

이 브리오슈가 처음 만들어진 것은 그리 오래되지 않았다. 버터를 사용한 제품이 많은 프랑스 북부에서 시작된 것이다.

les ingrédients
pour
3 brioches de 300g

matériel:
ϕ 17×8cm의 케이크 틀 (3개)

주재료

강력분 200g
박력분 200g
생이스트 15g
소금 8g
설탕 18g
우유 120cc
달걀 2개
버터 80g
버터(끼워넣기용) 250g

마무리 재료

달걀물 적당량

시럽 재료

물 100cc
설탕 135g

préparation:
순서에 들어가기 전에 크루아상
만들 때와 같이 반죽을 치대어
발효시킨 후, 버터를 끼워
넣는다. (92 · 93쪽 ①∼㉓)

1 버터를 끼워 넣은 반죽을
밀대로 밀어 40cm의
정사각형으로 넓혀 준다.

2 브러시로 여분의 밀가루를
털어 낸다.

3 한쪽 변부터 말아 준다.
시작 부분은 반죽을 약간 접어
단단히 누른 후, 밀착시켜
굴린다.

4 반죽을 조여 가며 계속 말아
간다.

5 말아 놓은 끝을 밑으로 놓고,
눌러 반죽을 붙여 준다.

6 양끝을 잘라 끝을 맞춘다.

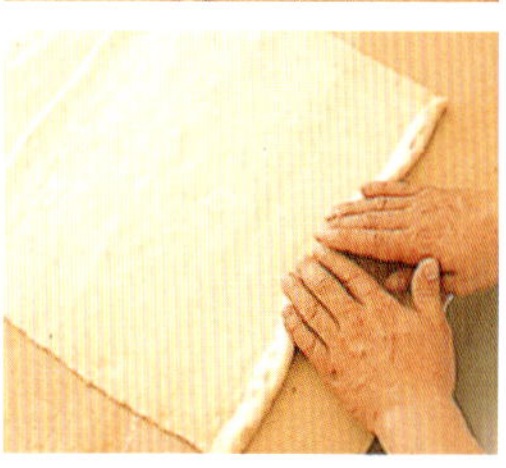

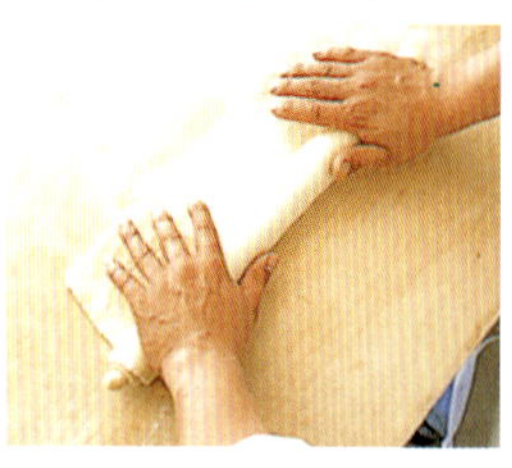

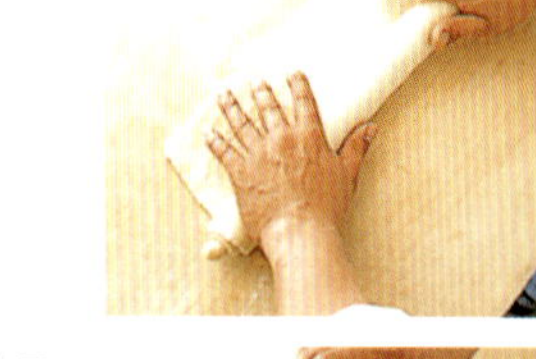

7 9등분 해서 자른다. 개당 폭
4cm, 지름 9cm 정도가 된다.

8 버터를 바른 틀 양끝에, 자른
면을 위로, 이음새를 바깥쪽으로
해서 ⑦의 반죽을 넣는다.

9 가운데에도 반죽을 넣어,
하나의 틀에 3개가 들어가게
한다. 반죽의 양은 틀의 4분의3
정도가 적당하다.

10 표면이 마르지 않도록
반죽에 닿지 않게 덮개를 씌워
1시간 15분∼1시간 30분 정도
발효시킨다.

11 알맞은 발효 상태. 반죽이
2배 정도로 부풀어오르면 발효
완료. 반죽 표면에 달걀물을
발라 220℃의 오븐에 넣고,
30분 정도 굽는다.

12 냄비에 물과 설탕을 넣고
끓여 시럽을 만든다. ⑪이
완성되면 바로 붓으로 시럽을
바른다.

생강 빵
PAIN D' ÉPICE

프랑스 북동부에는 여러 종류의 생강을 넣은 빵이 있으며, 수도원 소유지에서 그 이름의 흔적을 찾아볼 수 있다.

les ingrédients
pour
2 pains de 460g

matériel:
ɸ 17×8cm의 케이크 틀 (2개)

주재료

호밀 가루 160g
박력분 160g
설탕 60g
벌꿀 300g
달걀 1개
우유 160cc
베이킹파우더 25g
너트메그 파우더 1g
생강 가루 1g
시너먼 파우더 7g
클로브 파우더 1g
레몬 껍질(흰 부분을 제거하고
잘게 썬 것) 1개분
오렌지 껍질(흰 부분을 제거하고
잘게 썬 것) 1개분
바닐라 슈거 적당량

그라사주 재료

물 20cc
우유 20cc
슈거 파우더 20g

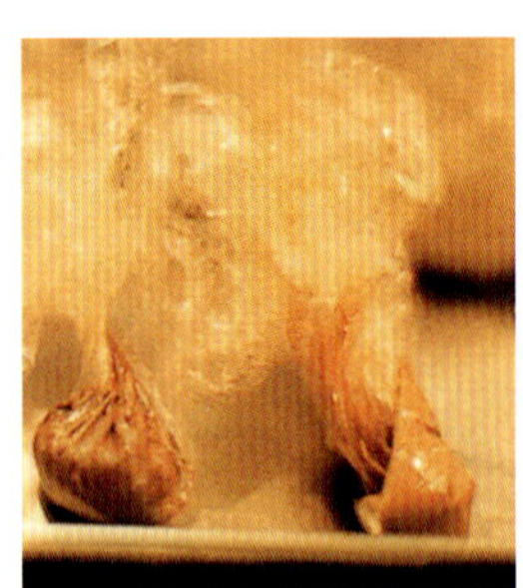

1 틀에 맞춰 종이(유산지나 쿠킹 시트)를 자른다.

2 틀에 버터를 얇게 바르고, 종이를 붙인다.

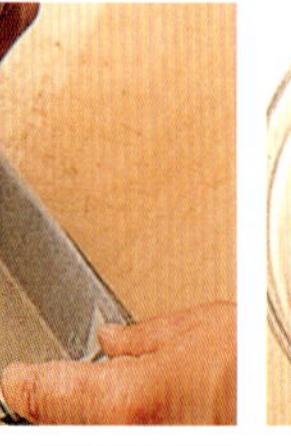

3 볼에 호밀 가루, 박력분, 설탕, 벌꿀을 넣고 섞는다.

4 ③에 베이킹파우더, 너트메그 파우더, 생강 가루, 시너먼 파우더, 클로브 파우더, 잘게 썬 레몬 껍질과 오렌지 껍질을 넣는다.

5 ④에 바닐라 슈거를 넣고, 나무 주걱으로 가볍게 섞는다.

6 중앙에 홈을 판 뒤 달걀을 넣고 풀어 가볍게 섞어 준다.

7 ⑥에 우유를 조금씩 부어 가며 젓는다.

8 천천히 골고루 섞어 준다.

9 반죽이 부드러워질 때까지 계속 젓는다.

10 나무 주걱으로 떠보아 반죽이 흘러내릴 정도의 부드러운 상태로 만든다.

11 ②의 틀 4분의 3 정도까지 반죽을 넣고, 200℃의 오븐에 40분 정도 굽는다. 중심을 나이프로 찔러 보아 칼날에 아무것도 묻어나지 않으면, 속까지 잘 익은 상태.

12 볼에 그라사주 재료를 넣고 섞어, ⑪의 열이 식으면 붓으로 표면에 바른다.

재료

빵은 기본적으로 각종 가루, 소금, 이스트, 물이 있으면 만들 수 있다. 적은 재료로도 마음껏 즐길 수 있는 빵. 양질의 제품을 골라 맛있게 만들어 보자.

1
Farine (밀가루)

빵을 만드는 데 있어 밀가루는 꼭 필요한 재료이다. 우리나라에서는 단백질 함유량에 따라 강력분, 중력분, 박력분으로 나누지만, 프랑스에서는 밀가루의 회분 함유량에 의해 나누고 있어 프랑스와 우리의 밀가루가 완전히 똑같다고는 할 수 없다. 제품 회사에 따라 조금씩 달라질 수 있기 때문에 자신의 기호에 맞는 밀가루를 찾아보는 것도 좋을 것이다.

강력분 : 경질 밀가루를 제분한 것으로, 글루텐 함유량이 많고, 볼륨과 찰기가 있는 반죽이 된다.

프랑스 빵 전용 밀가루 : 강력분도 단백질 함유량이 적어 각 회사에서 프랑스 빵을 만들기 위해 개발한 것. 하드 빵용 밀가루라고 표시하고 있는 제품도 있다. 이 책에서는 프랑스의 TYPE55라고 하는 밀가루 대신 이것을 사용했다.

박력분 : 연질 밀가루를 제분한 것. 글루텐 함유량이 가장 적은 밀가루로, 빵보다 스펀지 케이크나 쿠키 등을 만들 때 사용하는 경우가 많다. 부드러운 빵을 만들 때는 강력분과 섞어 사용하기도 한다.

2
Farine de complet (통밀 가루)

'그라함분' 이라고도 하며, 밀가루를 껍질째 제분한 것으로 비타민, 무기질 등이 함유된 영양가 높은 가루이다.

3
Farine de seigle (호밀 가루)

호밀은 추위에 강해 북유럽, 독일, 러시아에서 많이 나고 있다. 점성이 있어 반죽이 손에 달라붙기 쉽고, 단백질이 있어도 글루텐 형성이 잘되지 않아 부풀지 않고 무게가 있는 빵이 된다. 프랑스에서는 밀과 섞어 사용하거나, 발효종을 넣어 빵을 만드는 경우가 많다. 입자가 굵은 것에서 가루 형태까지 여러 종류가 있다.

4
Farine de maïs (옥수수 가루)

옥수수를 건조시켜 가루로 만든 것이다.

5
Farine d'orge (보릿가루)

보리를 빻아 만든 가루. 글루텐이 적어 밀가루와 섞어 사용한다. 보리는 위스키나 맥주 제조에도 사용된다.

6
Flocons d'avoine (오트밀)

연맥(귀리, 오트맥)을 눌러 으깬 것이다. 이것을 사용한 죽은 스코틀랜드 지방에서 유명하다. 아메리카에서도 자주 만들어지고, 빵이나 쿠키에도 넣는다.

7
Son (밀기울)

밀의 외피. 식이 섬유가 풍부하다.

8
Graines de lin (아마인)

리넨이나 그 외의 고급 직물을 짜는 아마의 씨로, 이것으로 아마인유를 만들기도 한다. 손쉽게 구할 수 없기 때문에 그다지 차이가 없는 삼(麻) 열매를 많이 사용한다. 이것을 넣으면 빵에 씹는 맛을 더해 주며, 곡물 빵 등에도 사용된다.

9
Amande en poudre (아몬드 파우더)

아몬드의 가루.

10~12
Levure (이스트)

생이스트(10) 이 책에서는 모두 생이스트를 사용하고 있다. 냉장고에 보관해 2주 정도 사용한다.

드라이 이스트(11) 사용 전에 5~6배의 물로 예비 발효시켜야 하며, 사용량은 생이스트의 절반 정도이다. 향이 좋은 반죽(가루의 맛을 살리는 반죽)과 어울린다. 6개월 정도 냉장 보관이 가능하다.

인스턴트 드라이 이스트(12) 당분 가미 반죽용과 무가당 반죽용이 있다. 발효가 잘된다. 생이스트의 40% 정도의 양을 직접 가루에 섞어 사용할 수 있기 때문에 간편하다. 드라이 이스트와 마찬가지로 6개월 정도 냉장 보관이 가능하다.

Sel (소금)

빵을 만드는 데 있어 소금은 풍미뿐만 아니라 발효를 조절하고, 색을 좋게 만들며, 글루텐의 과다한 형성을 억제하는 등 중요한 역할을 한다.

Sucre (설탕)

빵을 만들 때는 보통 설탕과 슈거 파우더를 사용한다. 이 책에서는 슈거 파우더로 되어

있는 것 외에는 설탕을 사용하고 있다. 설탕은 단맛을 내고, 색을 좋게 만들며, 발효를 촉진시키는 등의 역할을 한다.

Œuf (달걀)

이 책에서는 중간 크기(약 55g)의 것을 사용했다. 반죽에 넣기도 하고, 윤기를 내기 위해 사용하는데, 신선한 것을 선택한다. 풍미를 내는 것 외에 달걀노른자 속의 레시틴이 크람(빵 속의 부드러운 부분)을 부드럽게 만들고, 노화를 억제한다.

Lait, Poudre de lait (우유, 탈지분유)

탈지분유는 오래 보관할 수 있고, 가격도 적당해 빵을 만드는 데 자주 사용된다. 우유를 탈지분유로 대체할 경우는 우유의 10% 정도를 사용하고, 습기가 차기 쉬우므로 계량한 후 바로 가루나 설탕과 섞어 준다.

Matieres grasses (유지방)

버터, 마가린, 쇼트닝, 올리브 오일, 샐러드 오일 등이 있다. 버터, 마가린은 무염을 사용한다. 유지방은 반죽의 글루텐 활동을 도와 볼륨을 만들고, 노화를 억제하는 역할을 한다. 버터나 올리브 오일은 빵의 풍미를 돋우어 준다.

Poudre à lever (베이킹파우더)

팽창제 또는 부풀리는 가루. 밀가루에 섞어서 구우면 탄소 가스가 발생하여 반죽이 부풀어오르고, 입에 닿는 감촉이 부드럽고, 폭신폭신하게 잘 구워진다.

Fruit sec (드라이 프루츠)

건포도, 말린 살구, 프룬(말린 자두) 등이 있다. 드라이 프루츠 시럽 조림도 자주 사용되며, 오렌지 필이나 드레인드 체리가 대표적이다.

Noix (너트류)

호두 · 아몬드 · 헤이즐넛 등 종류가 다양하고, 홀 상태 · 슬라이스 상태 · 잘게 부순 것, 가루 상태로 된 것이 있다. 공기에 노출되면 산화하기 쉬우므로, 밀폐시켜 냉암소에 보관한다.

Fleur d'orange (등화수 : 등자꽃물)

오렌지 플라워 워터. 오렌지 에센스로 되어 있는 것도 있으며, 오렌지 꽃을 모아 증류하고, 그 유출물을 그대로 놓아 두었을 때 밑에 생기는 물. 위에 뜬 기름은 등화유라 하고, 등화수와 함께 빵과 케이크 등의 향을 내는 데 사용한다.

도구

빵은 많은 도구가 없어도 만들 수 있다. 여기서는 이 책에서 실제로 사용한 기본적인 도구를 소개하는데, 가정에 있는 것으로 대용할 수 있는 것도 있다. 여러 가지 빵을 만들어 보며 도구도 조금씩 갖추어 가자.

1
Tamis (타미)
가루를 체 치거나 수분을 제거할 때, 재료를 거르는 데도 사용한다.

2
Moule à kouglof (물 아 쿠글로프)
쿠글로프를 구울 때 사용하는 틀. 도자기로 된 제품도 있다

3
Moule à pain de mie (물 아 팽 드 미)
팽 드 미 틀. 식빵을 구울 때 사용한다. 뚜껑을 열고 작업하면, 산 모양의 빵도 구울 수 있다.

4
Moule à cake (물 아 케이크)
케이크 틀. 이 책에서는 아래가 좁은 것과 원통형의 것을 사용했다.

5
Banneton (반통)
발효 용기. 빵을 발효시킬 때 사용하는 용기.

6
Couche (쿠슈)
캔버스 천. 빵을 발효시킬 때 사용하는 천. 빵매트라고도 한다.

7
Plaque à four (플라크 아 푸르)
오븐 팬. 반죽을 놓고 오븐에 넣어 굽기 위한 기구.

8
Grille (그리유)
식힘망. 오븐에서 반죽을 틀에 넣어 빵을 구울 때나 완전히 구워진 빵을 식힐 때 사용.

9
Bassine (바신)
볼. 재료를 섞거나 발효시킬 때 사용한다. 스테인리스 스틸과 유리 제품이 있다.

10
Fouet (푸에)
거품기. 재료를 섞거나, 생크림이나 달걀을 거품 낼 때 사용한다.

11
Raclette en caoutchouc (라클레트 앙 카우추)
고무 주걱. 마리즈(Maryse)라고도 불리며, 재료를 섞거나 볼에 붙은 재료를 말끔하게 긁어 낼 때 사용.

12
Spatules en bois (스파튈 앙 부아)
나무 주걱. 볼이나 냄비 속의 재료를 섞을 때 사용한다.

13
Rouleau (룰로)
밀대. 반죽을 밀 때 사용한다. 여러 가지 크기가 있으므로 용도에 맞게 선택한다.

14
Coupe pâte (쿠프파트) 위
Corne (코른) 아래
쿠프파트는 스크레이퍼, 코른은 카드라고도 한다. 재료를 긁어 모으거나 나눌 때 사용한다.

15
Demilitre (드미리트르)
500ml의 계량컵. 액체 계량에 사용한다.

16
Balance (발랑스)
계량기. 재료를 계량하거나 반죽을 나눌 때 사용한다.

17
Pinceau (팽소)
붓. 시럽, 달걀물 등을 바를 때 사용한다.

18
Lame a boule (람 아 불)
쿠프 나이프라고도 한다. 프랑스 빵 등의 반죽에 칼집을 넣을 때 사용하는 전용 나이프. 칼날은 면도칼(양날)의 형태로 교체가 가능하다.

19
Fourchette (푸르셰트)
포크. 원래는 먹을 때 사용하지만, 삶은 감자를 으깨거나 달걀을 풀 때도 사용된다.

20
Torchon (토르숑)
면보. 표면이 마르지 않도록 반죽을 덮을 때 사용.

21
Ciseaux (시소)
가위. 빵에 가위집을 넣을 때 사용한다.

22
Palettes flexible (팔레트 플렉시블)
팔레트. 반죽에 크림 등을 바르고, 두께를 고르게 할 때 사용한다.

23
Couteau de cuisine (쿠토 드 퀴진)
요리용 부엌칼. 요리, 과자뿐 아니라 광범위하게 사용되는 칼날 부분이 긴 칼.

24
Couteau-scie (쿠토시)
빵 나이프. 빵을 자를 때 사용한다.

25
Économe (에코놈)
껍질 벗기는 기구. 야채나 과일 껍질을 벗길 때 사용한다.

26
Couteau d'office (쿠토 도피스)
작은 나이프. 과도로 자주 사용되며 칼날 부분이 짧은 것. 세밀한 작업을 하는 데 편리하다.

27
Cornet (코르네)
코르네 틀. 접는 파이 등에서 코르네를 만들 때 사용하지만, 여기서는 빵에 잼을 채워 넣을 때 사용한다.

28
Poche (포슈)
짜주머니. 크림 등을 짜낼 때 사용한다.

29
Douille (두유)
깍지. 짜주머니 끝에 붙여 여러 모양으로 내용물을 짜낼 때 이용하는 기구. 원형, 별모양 등 여러 가지 모양과 크기가 있다.

Four(푸르)
오븐. 빵을 만드는 데 빼놓을 수 없는 기구. 내부에서 열이 대류하는 컨벡션 타입, 위아래에서 열을 내는 오븐레인지 타입이 있다. 상점 등에서는 딱딱한 빵을 만들 때 수증기 주입이 가능한 타입의 직접 굽기용 오븐을 사용하고 있다. 가정에서는 물을 담은 용기를 넣거나 분무기로 물을 뿌려 두도록 한다. 열원이나 크기 등 여러 요인으로 온도와 시간이 달라지므로 가정에서 사용하는 오븐의 특징을 잘 파악한 다음 표시된 온도와 시간을 조절하는 등의 주의가 요구된다.

1
5
13
14
8
7
2
6
10
12
11
16
3
9
15
4
17
25
18
19
20
LE CORDON BLEU PARIS
21
22
23
24
26
27
28
29
IMPER MATFER
Made in France
350

프랑스 빵 용어 해설

1 믹싱

le pétrissage (mélanger) [페트리사주(멜랑제)] 마른 재료와 액체를 섞는 작업. 골고루 섞이도록 반죽을 내려치고, 늘여 주는 작업을 10분 정도 연속해서 반복하는 일을 말한다.

tamiser [타미제] 가루 등의 응어리나 불순물을 제거하기 위해 체에 친다.

fontaine [퐁텐] 작업대 위나 볼 안의 가루 중앙에 홈을 판다.

fraiser [프레제] 반죽을 치대는 제 1단계로 가루와 수분을 섞은 상태. 기계로 반죽하는 경우는 저속으로 작업한다.

pommade [포마드] 버터 등을 부드러운 상태로 만든다.

corner [코르네] 카드로 볼이나 용기 안에 있는 재료를 모두 깨끗하게 꺼내는 것.

2 1차 발효

le pointage (lever) [푸앵타주 (르베)] 완성된 반죽을 발효시키는 것. 1차 발효라고 하며, 이스트가 가루의 천연 성분과 같은 빵 맛, 보존성, 유연성을 가져다주는 탄산가스 · 알코올 · 유기산을 발생하는 기간을 말한다. 반죽은 표면이 마르지 않도록 덮어 둔다.

rabat [라바] 펀치라고도 하며, 반죽을 접어 공기를 빼는 것을 말한다. 반죽에 힘을 주어 발효가 잘되게 한다.

pousse [푸스] 발효에 의한 반죽의 팽창.

3 성형

le façonnage(mis en forme) [파소나주(미 앙 포름)] 바게트나 빵을 길게, 또는 짧게 만드는 등 최종적인 모양으로 만든다는 의미로 성형(成形)이라고 한다.

beurrer [뵈레] 틀 안쪽과 오븐 팬에, 녹인 버터나 포마드 상태로 만든 버터를 붓 등으로 얇게 바른다.

fariner [파리네] 작업대에 반죽 등이 달라붙지 않도록 약간의 가루를 뿌린다. 장식을 위해 가루를 충분히 묻히기도 한다.

détailler [데타예] 반죽을 일정한 무게로 나누거나 틀로 찍어 낸다.

repos [르포] 벤치 타임. 반죽을 휴지시키는 것.

4 최종 발효

l'apprêt(fermentation) [아프레(페르망타시옹)] 20~27℃의 실온에서 오븐에 들어가기 직전까지의 기간으로 성형한 반죽을 발효시킨다. 2차 발효라고도 한다. 빵 맛을 좋게 하기 위해 공기와 접촉하지 않도록 격리된 장소에 두거나 랩을 씌워 둔다. 이것은 건조로 인해 막이 생기는 것을 방지하기 위함이기도 하다.

dorer [도레] 성형한 반죽 표면에 달걀물을 붓 등으로 얇게 바른다.

5 구워내기

la cuisson [퀴이송] 굽는 것. 오븐은 최저 220℃로 예열해 둔다.

coupe [쿠프] 칼집을 넣거나 자르는 것. 빵에 모양이나 장식을 하기 위해 람 아 불(면도날이 붙어 있는 칼집 넣기용 나이프)이나 날카로운 칼로 칼집을 넣는다. saucisson [소시송]은 가로로 촘촘히 칼집을 넣는다. polka[폴카]는 격자 모양으로 칼집을 넣는다. nantaise[낭테즈]는 가위로 X자의 가위집을 넣는다.

buée [뷔에] 반죽을 굽기 전 오븐에 공급하는 수증기로 구워 놓은 빵의 색을 좋게 만들며, 반죽의 팽창 · 부풀리기 등을 도와준다. 가능하면 오븐에 넣을 때 간접적으로 물을 담은 용기를 넣어 두던가, 붓이나 부드러운 브러시로 물을 발라 수증기를 미리 공급해 준다.

6 끼워 넣기 작업

tourer(tourage) [투레(투라주)] 반죽에 층과 볼륨, 씹는 맛을 더해 주기 위해 반죽을 접어 버터가 반죽 사이에 끼워지도록 만드는 작업.

abaisser [아베세] 밀대를 사용해 정해진 두께로 반죽을 균일하게 편다.

7 기타

croûte [크루트] 빵 껍질 부분. 흔히 크러스트라고 부르고 있다. mie[미] 빵 속의 부드러운 부분. 일본에서는 크럼이라고 부른다.

르 꼬르동 블루 - 도쿄 분교

1895년, 파리에 설립된 르 꼬르동 블루는 1백 년이 넘는 역사를 자랑하는 프랑스 요리 전문학교로 잘 알려져 있다. 세계 50여 개국에서 학생을 맞이하여 졸업생 중에 프로 요리사, 명셰프를 계속 배출함으로써 그 명성이 더욱 높다. 꼬르동 블루의 수료증은 사회적 지위나 신분의 증명이 되기도 한다. 동경 분교는 이러한 파리 본교의 수업을 일본에서 받을 수 있는 장소로서 1991년에 개교했다.

르 꼬르동 블루 - 숙명아카데미

한국 분교인 르 꼬르동 블루-숙명아카데미는 유서깊은 파리 본교의 수업을 한국에서 받을 수 있는 장소로서 2002년에 개교했다. 교수진은 파리 본교에서 초빙해온 프랑스인 프로 요리사를 중심으로 구성되어 있다. 숙명여자대학교 사회교육관 7층. tel)02-719-6961~3 fax)02-719-7569 / www.cordonblue.co.kr

LE CORDON BLEU INTERNATIONAL ADDRESSES

Le Cordon Bleu Paris
8 Rue Léon Delhomme
75015 Paris, France
phone +33 (0)1 53 68 22 50
fax +33(0)1 48 56 03 96
paris@cordonbleu.edu

Le Cordon Bleu London
114 Marylebone Lane
London, W1U 2HH, U.K.
phone +44 20 7935 3503
fax +44 20 7935 7621
london@cordonbleu.edu

Le Cordon Bleu Paris
Ottawa Culinary Arts Institute
School and Restaurant
453 Laurier Avenue East
Ottawa, Ontario, K1N 6R4, Canada
phone +1 613 236 CHEF(2433)
fax +1 613 236 2460
toll free number +1-888-289-6302
Restaurant line +1 613 236 2499
ottawa@cordonbleu.edu

Le Cordon Bleu Tokyo
Roob-1, 28-13 Sarugaku-Cho,
Daikanyama, Shibuya-Ku,
Tokyo 150-0033, Japan
phone +81 3 5489 0141
fax +81 3 5489 0145
tokyo@cordonbleu.edu

Le Cordon Bleu Yokohama
2-18-1, Takashima, Nishi-Ku,
Yokohama-Shi, Kanagawa, Japan
phone +81 45 440 4720
fax +81 45 440 4722

Le Cordon Bleu Kobe
The 45th 6F, 45 Harima-cho, Chuo-Ku,
Kobe-shi, Hyogo 650-0036, Japan
phone +81 78 393 8221
fax +81 78 393 8222

Le Cordon Bleu Corporate Office
40 Enterprise Avenue
Secaucus, NJ 07094-2517 USA
phone +1 201 617 5221
fax +1 201 617 1914
toll free number +1 800 457 CHEF (2433)
info@cordonbleu.edu

Le Cordon Bleu Australia
Days Road
Regency Park, South Australia, 5010
Australia
phone +618 8346 3700
fax +618 8346 3755
australia@cordonbleu.edu

Le Cordon Bleu Sydney
250 Blaxland Road, Ryde
Sydney NSW 2112, Australia
phone +618 8346 3700
fax +618 8346 3755
australia@cordonbleu.edu

Le Cordon Bleu Peru
Av. Nunez de Balboa 530
Miraflores, Lima 18, Peru
phone +51 1 242 8222
fax +51 1 242 9209

Le Cordon Bleu Korea
53-12 Chungpa-dong 2Ka, Yongsan-Ku,
Seoul, 140 742 Korea
phone +82 2 719 69 61
fax +82 2 719 75 69
korea@cordonbleu.edu

Le Cordon Bleu Beirut
Rectorat ? BP446
Usek University - Kaslik
Jounieh, Lebanon
phone +961 9640 664/665
fax +961 9642 333

Le Cordon Bleu Mexico
Universidad Anahuac
Av. Lomas Anahuac s/n., Lomas Anahuac
Mexico C.P. 52760, Mexico
phone +52 555 627 0210 ext. 7132
fax +52 555 627 0210 ext.8724
cordonbleu@anahuac.mx

www.cordonbleu.edu
e-mail: info@cordonbleu.edu

Order of the cites:
Paris, London, Ottawa, Japan, U.S.A.,
Australia, Peru, Korea, Beirut, Mexico

이 책은 르 꼬르동 블루 요리학교의 요리사와 스태프의 정열과 헌신적인 도움, 각계각층의 아낌없는 협력으로 만들어질 수 있었습니다. 이에 르 꼬르동 블루는 진심으로 감사의 뜻을 표합니다.

일본어판

촬영	日置武晴 (히오키다케하루)
스타일링	中安章子 (나카야스아키코)
북 디자인	若山嘉代子 (와카야마카요코),
	平方いづみ (히라가타이즈미) L'espace

르 꼬르동 블루 - 동경학교
+150-0033 東京都澁谷區猿樂町 28-13
ROOB-1(루브 원)　TEL 03-5489-0141

식기, 천 협찬

PIERRE DEUX FRENCH COUNTRY
404 Airport Executive Park Nanuet, N.Y. 10954 U.S.A.
TEL 914-426-7400 / FAX 914-426-0104

르 꼬르동 블루

프랑스 빵의 기초

사브리나 시리즈 3

발행일	2001년 6월 1일 제1판 1쇄 발행
	2010년 7월 29일 제2판 1쇄 발행
발행처	(주)미디어컴퍼니 쿠켄
	서울시 중구 신당2동 416
편집부	02-2235-2665 / fax 02-2235-2664
영업마케팅부	02-2254-2665
독자서비스부	070-8813-2665

발행인	박태신
기획	김정은
저자	일본 도쿄 르 꼬르동 블루 교수진
옮김	서희
교열	황정연
디자인	디자인컨설팅연구소 02-722-0923
출력 · 인쇄	프리테크인 02-2107-8511

ⓒLE CORDON BLEU PARIS K.K. (TOKYO)1996
Photographs ⓒTakeharu Hioki 1996
Printed in KOREA

값 15,000원

세계 최고의 요리학교 르 꼬르동 블루의 에센스 레시피
'사브리나' 시리즈는 모두 7권입니다

이제 프랑스 요리·과자·빵·초콜릿에 대해
기초부터 차근차근 배우세요

'사브리나' 시리즈 1
프랑스 요리의 기초

'사브리나' 시리즈 2
프랑스 과자의 기초

'사브리나' 시리즈 4
프랑스 요리의 기초 II

'사브리나' 시리즈 5
프랑스 과자의 기초 II

'사브리나' 시리즈 6
프랑스 과자 기본의 기본

'사브리나' 시리즈 7
프랑스 초콜릿의 기초